NOTIONS

ÉLÉMENTAIRES

DE CHIMIE,

PAR ALEXANDRE MEISSAS,

Ancien Élève de l'École polytechnique, Professeur
au collége Henri IV.

PARIS,

LIBRAIRIE CLASSIQUE ET ÉLÉMENTAIRE

DE L. HACHETTE,

Rue Pierre-Sarrazin, n° 12.

7

NOTIONS

ÉLÉMENTAIRES

DE CHIMIE.

Tout exemplaire de cet ouvrage, non revêtu de ma griffe, sera réputé contrefait.

L. Hachette

PARIS, IMPRIMERIE DE DÉCOURCHANT,
Rue d'Erfurth, n° 1, près de l'Abbaye.

NOTIONS

ÉLÉMENTAIRES

DE CHIMIE,

PAR ALEXANDRE MEISSAS,

ANCIEN ÉLÈVE DE L'ÉCOLE POLYTECHNIQUE,
PROFESSEUR AU COLLÉGE HENRI IV.

———◦———

PARIS,

LIBRAIRIE CLASSIQUE ET ÉLÉMENTAIRE

DE L. HACHETTE,

RUE PIERRE-SARRAZIN, 12.

———

1836

NOTIONS

ÉLÉMENTAIRES

DE CHIMIE.

CHAPITRE Ier.

PRÉLIMINAIRES.

1. La chimie classe les corps d'après leur composition, et fait connaître les lois qui régissent leurs actions mutuelles; elle s'occupe des phénomènes produits par les contacts, lorsque ces contacts sont accompagnés d'une altération quelconque des corps. Ainsi, lorsqu'on verse du vinaigre sur le marbre poli, il se produit une ébullition lente, après laquelle le vinaigre a perdu son acidité, et le marbre est rongé plus ou moins profondément; c'est là un phénomène chimique.

2. Parmi les corps qu'on trouve dans la nature, ou qu'on peut se procurer dans les laboratoires, il en est cinquante-un qu'on appelle *corps simples*, parce qu'on n'a pu parvenir à les séparer

en plusieurs corps distincts. Tous les autres
corps proviennent de la réunion de plusieurs
corps simples, en diverses proportions; on les
nomme *corps composés*.

3. Pour concevoir la composition des corps,
on considère la matière comme composée de
particules très-petites et indivisibles, qu'on désigne sous le nom d'*atomes*. Il s'ensuit que chaque atome de l'un des corps se combinera avec
un, deux, trois, ou un plus grand nombre d'a-
tomes de l'autre corps. Cette hypothèse s'accorde
parfaitement avec les résultats de toutes les ana-
lyses chimiques.

4. Lorsque deux corps se touchent, l'un se
charge d'électricité résineuse, l'autre d'électricité vitrée; il y a aussi, dans toute combinaison
de corps, production de chaleur et souvent de
lumière. Il faut donc avoir égard à l'action de
chacun de ces trois agens de la nature. Nous
supposerons connus tous les principes contenus
dans les notions élémentaires de physique qui
font partie de cette collection.

NOMENCLATURE.

5. On distingue les corps simples en *métaux*
et en *corps non métalliques*. Ces derniers sont ou
des gaz, ou des corps solides, mauvais conducteurs de l'électricité, transparens en général, et
privés de l'éclat métallique; ils sont au nombre

de douze, savoir : azote, bore, brôme, carbone, chlore, fluor, hydrogène, iode, oxigène, phosphore, silicium, soufre.

Les métaux réfléchissent vivement la lumière, sont bons conducteurs de l'électricité et du calorique, et généralement opaques. Aucun n'est gazeux à la température ordinaire. Ce sont :

Aluminium, antimoine, argent, arsenic, barium, bismuth, cadmium, calcium, cérium, chrôme, cobalt, columbium, cuivre, étain, fer, glucinium, iridium, lithium, magnésium, manganèse, mercure, molybdène, nickel, or, osmium; palladium, platine, plomb, potassium, rhodium, sélénium, sodium, strontium, tellure, titane, tungstène, urane, yttrium, zinc, zirconium.

Les *sels* sont des corps formés de deux corps déjà composés. En les décomposant par la pile de Volta, l'un des corps se rend vers le pôle positif (pôle chargé d'électricité vitrée), c'est un *acide;* l'autre corps se rend vers le pôle négatif ou résineux, c'est une *base.* L'oxigène étant celui des corps simples qui entre dans le plus grand nombre de composés, nous nous en servirons pour faire connaitre la nomenclature.

Lorsque deux corps oxigénés forment un sel, et que ce sel est soumis à l'action d'une pile faible, l'un des corps oxigénés se rend au pôle positif, c'est un *acide;* l'autre vers le pôle négatif, c'est un *oxide.* Les acides ont en général une saveur aigre, et rougissent la teinture de tournesol; les oxides ont, en général, une saveur urineuse, et ramènent au bleu la teinture de tournesol rougie par un acide. On donne par extension le nom d'*oxides* à des combinaisons de l'oxigène avec des corps simples, quoique ces combinaisons ne puissent s'unir aux acides, et qu'elles ne présentent ni les propriétés des acides, ni celles des oxides. Tel est l'*oxide de carbone*.

L'oxigène, en s'unissant à un corps simple, ne forme pas ordinairement avec lui plus de deux acides; on distingue le plus oxigéné par une terminaison en *ique*, et l'autre par une terminaison en *eux*. *Acide sulfurique*, acide du soufre le plus oxigéné; *acide sulfureux*, acide du soufre le moins oxigéné. Depuis l'établissement de la nomenclature on a trouvé un acide intermédiaire qu'on a désigné sous le nom d'*acide hyposulfurique*, et un acide moins oxigéné que l'acide sulfureux, et qu'on a nommé *acide hyposulfureux*.

Les différens oxides que peut former un même corps sont désignés par un numéro d'ordre, en partant de celui qui renferme le moins d'oxigène. Ainsi, l'on dit *protoxide* ou premier oxide, *deutoxide* ou deuxième oxide, *tritoxide* ou troisième oxide, *tétroxide* ou quatrième oxide, etc. Le plus souvent on désigne le moins oxigéné sous le nom d'*oxide*, et le plus oxigéné par celui de *peroxide*.

Lorsqu'un sel est formé par un acide dont le nom est terminé en *ique*, le nom du sel se termine en *ate*. *Sulfate de protoxide de fer*, sel formé par l'union de l'acide sulfurique et du protoxide de fer. Lorsque le nom de l'acide est terminé en *eux*, celui du sel est terminé en *ite*: Exemple : *sulfite de protoxide de fer*. Les sels formés par l'*acide hyposulfurique* sont des *hyposulfates;* ceux qui sont formés par l'acide *hyposulfureux* sont des *hyposulfites*.

Les sels peuvent avoir des propriétés *acides*, alors on les appelle *sels acides;* exemple : *sulfate acide de potasse*. Ils peuvent avoir des propriétés de la base, alors ce sont des *sous-sels* ou des sels *basiques;* exemple : *sous-sulfate de protoxide de fer*. Enfin ils peuvent n'avoir ni les propriétés acides, ni les propriétés basiques, alors ce sont des sels *neutres*.

Quelquefois un même acide est uni à deux bases; il forme alors un sel double; exemple : *sulfate d'alumine et de potasse*.

L'union des métaux produit les *alliages;* on les désigne par le nom des métaux qui les composent, en plaçant les premiers les métaux qui se chargent d'électricité positive. Ainsi le plomb et l'étain forment l'*alliage d'étain et de plomb*. Lorsque l'un des métaux est le mercure, l'alliage prend le nom d'*amalgame*. *Amalgame de plomb, amalgame d'argent*, signifie alliage de mercure et de plomb, de mercure et d'argent,

Lorsqu'un *acide* est combiné avec de l'eau, on dit qu'il est *hydraté*. Lorsque l'eau est unie à un oxide, on obtient un *hydrate*; exemple : *acide borique hydraté*, *hydrate de potasse*.

Lorsqu'un corps non métallique est uni à un métal ou à un autre corps simple non métallique, on donne au corps non métallique la terminaison *ure*; exemple : *sulfure de fer*, *chlorure de calcium*. Lorsque le composé est un gaz, ce qui n'arrive qu'autant que l'un au moins des composans est gazeux, on place en tête le nom du gaz, qu'on fait suivre du nom de l'autre corps terminé en *é* : *hydrogène carboné*, *hydrogène phosphoré*.

Le chlore, le soufre, l'iode, etc., donnent naissance à des acides en se combinant avec l'hydrogène; on les désigne sous le nom d'*hydracides*; et leur nom particulier se forme en faisant précéder du mot *hydro* le nom de l'acide terminé en *ique* : *acide hydrochlorique*, *acide hydrosulfurique*, *acide hydriodique*. Les sels qui en sont formés s'appellent *hydrochlorates*, *hydrosulfates*, *hydriodates*.

L'oxigène, l'hydrogène et le carbone s'unissent dans des proportions diverses, de manière à former un très-grand nombre de corps différens; de même l'oxigène, l'hydrogène, le carbone et l'azote s'unissent aussi de manière à former un grand nombre de combinaisons. On a donné à chacune d'elles un nom particulier, sans s'assujetñr à d'autre règle que de donner aux composés qui ont des propriétés basiques une terminaison en *ine*, et à ceux qui sont acides la terminaison en *ique*. Les matières neutres sont nommées d'une manière arbitraire.

NOMBRES PROPORTIONNELS.

6. En analysant des combinaisons différentes de deux mêmes corps, on trouve toujours qu'en représentant par a et b les quantités de ces deux corps dans l'une des combinaisons, les autres présentent les rapports : a et $2b$, a et $3b$, a et $4b$, etc.

Ou bien : $2a$ et b, $3a$ et b, $4a$ et b, etc.

Cette loi remarquable porte le nom de *loi des proportions multiples*. Elle fait voir que le nombre des combinaisons à étudier n'est pas aussi considérable qu'on eût été porté à le penser.

7. Si un corps dont la quantité est représentée par a se combine avec plusieurs autres corps dont les quantités sont représentées par b, c, d, e, f, de manière à former les composés ab, ac, ad, ae, af, la quantité h d'un autre corps peut être combinée avec les mêmes corps de manière à former les composés bh, ch, dh, eh, fh; la quantité h est dite l'équivalent de la quantité a. Cette nouvelle loi, aussi remarquable que la précédente, a reçu le nom de *loi des équivalens chimiques*.

C'est en vertu de la *loi des proportions mul-*

uples que l'oxigène se combine avec l'azote dans les proportions suivantes :

100 d'azote et   50 d'oxigène = protoxide d'azote,
100 d'azote et 100 d'oxigène = deutoxide d'azote,
100 d'azote et 150 d'oxigène = acide hyponitreux,
100 d'azote et 200 d'oxigène = acide nitreux,
100 d'azote et 250 d'oxigène = acide nitrique,

en vertu de la *loi des équivalens*, parce que

2703 d'argent et 200 d'oxigène = oxide d'argent,
791 de cuivre et 200   *id.* = oxide de cuivre brun,

et que

2703 d'argent et 400 de soufre = sulfure d'argent,
 791 de cuivre et 400 de soufre = sulfure de cuivre,
 400 de soufre sont l'équivalent de 200 d'oxigène.

8. On appelle *nombre proportionnel* d'un corps la quantité de ce corps en poids qui s'unit à 100 d'oxigène pour former le protoxide. La somme des nombres proportionnels des corps simples qui se combinent donne le nombre proportionnel du composé qui en résulte.

Ainsi 100 d'oxigène et 791,39 de cuivre forment le protoxide de cuivre; le nombre proportionnel du cuivre sera donc 791,39, celui du protoxide de cuivre sera 891,39.

Table des nombres proportionnels des corps simples.

Oxigène. 100
Hydrogène. 12,48

Soufre.	201,16
Azote.	177,02
Carbone.	75,33
Bore.	271,96
Chlore.	442 64
Brôme.	932,80
Iode	1566,70
Fluor.	116,90
Phosphore	196,15
Silicium.	277,47
Aluminium.	114,14
Antimoine.	1612,90
Argent	1350,60
Arsenic	470,12
Barium	856,88
Bismuth.	886,90
Cadmium.	696,76
Calcium.	256,01
Cérium	574,72
Chrôme.	351,82
Cobalt.	369,00
Columbium.	2307,40
Cuivre.	791,39
Etain	735,29
Fer.	339,21
Glucinium.	220,85
Lithium.	127,75
Magnésium.	158,36
Manganèse.	355,78
Mercure.	2531,60

Molybdène.	598,52
Nickel.	369,67
Or.	2486,02
Palladium	714,62
Platine	1215,22
Plomb.	1294,50
Potassium	487,92
Rhodium.	1501,30
Sélénium.	494,58
Sodium	290,89
Strontium	547 28
Tellure	403,23
Titane.	389,10
Tungstène.	1183,20
Urane.	2711,36
Zinc	403,23
Zirconium	280,02
Yttrium.	402,57

THÉORIE ATOMIQUE.

9. On appelle *atome* la très-petite partie d'un corps qui donne naissance à une combinaison par simple juxta-position avec les particules d'un autre corps. Ainsi, lorsque deux corps se combinent, leurs atomes ne sont point altérés, seulement leur réunion forme de nouveaux atomes jouissant de propriétés particulieres. Si l'on détruit un corps composé, de manière à séparer les corps composans, les atomes de ceux-ci re-

paraissent avec leurs propriétés primitives, sans altération.

On admet que les gaz, sous le même volume, renferment le même nombre d'atomes, et que par conséquent ils sont à la même distance les uns des autres. On peut donc, de la pesanteur spécifique des gaz, déduire le poids relatif de leurs atomes. Par exemple, la densité de l'oxigène étant 1,1026, et celle de l'azote 0,976, on posera la proportion :

$$1,1026 : 0,976 :: 100 : x.$$

100 étant le poids supposé de l'atome d'oxigène, le quatrième terme de cette proportion représentera le poids de l'atome d'azote ; on trouve que ce poids est 88,5.

Comme les gaz se combinent entre eux de manière que les volumes des composans et celui du corps composé sont dans des rapports très-simples, on a pu par analogie en déduire le poids des atomes des corps formant des composés gazeux. Une observation faite par MM. Dulong et Petit a fait voir qu'en multipliant le poids des atomes d'un corps par la capacité de ce corps pour la chaleur, on obtenait sensiblement le même produit; ce qui donne le moyen de reconnaitre, parmi les combinaisons de deux mêmes corps, celles qui ont lieu atome à atome, et, par suite, de déterminer le poids des atomes pour les corps solides ou liquides.

On convient de représenter par un nombre quelconque, par exemple par 100, le poids de l'atome d'oxigène; alors le poids de l'atome de toute autre substance s'obtiendra en multipliant par 100 le rapport du poids absolu de cet atome à celui de l'oxigène. C'est ainsi qu'on a pu parvenir à dresser un tableau du poids des atomes de toutes les substances qui ont été analysées.

COMBINAISON DES CORPS.

10. On appelle *cohésion* la force qui unit les diverses molécules d'un même corps; cette force est mesurée par l'effort nécessaire pour briser le corps. On donne le nom d'*affinité* à la force qui unit des molécules de natures différentes, ou qui tend à les unir. On remarque, lorsque deux corps s'unissent, qu'ils sont toujours chargés, l'un d'électricité positive, l'autre d'électricité négative; en sorte que toutes les circonstances qui peuvent influer sur la nature ou sur la quantité d'électricité dont les corps peuvent se charger, doivent influer aussi sur leur affinité. Les combinaisons s'effectuant toujours molécule à molécule, elles auront lieu d'autant plus facilement que la densité des composans sera moindre. Aussi est-il avantageux de ramener au moins l'un des corps à l'état liquide ou gazeux.

Il arrive quelquefois que le contact molécule à molécule ne suffit pas pour que deux corps puissent se combiner. L'oxigène et l'hydrogène contenus dans un même vase ne se combinent qu'au moyen d'une étincelle électrique ou de la chaleur rouge. La lumière influe aussi sur la formation de plusieurs combinaisons, mais son action n'a pas encore été suffisamment étudiée. Si l'on considère d'ailleurs que la combinaison des deux électricités a toujours lieu avec chaleur et généralement avec lumière produite, et que la chaleur et la lumière modifient aussi l'état électrique des corps, on conçoit que l'affinité puisse être considérée comme un simple effet de l'électricité.

On peut, au moyen d'un courant de fluide électrique, décomposer presque tous les corps, et ce moyen a procuré la découverte d'un grand nombre de corps simples qu'on n'avait pu obtenir par aucun autre procédé. Cette circonstance concourt à prouver que l'affinité des corps les uns pour les autres est due à l'électricité dont ils sont chargés.

CHAPITRE II.

DES CORPS NON MÉTALLIQUES.

OXIGÈNE.

11. De tous les corps simples celui qui joue le rôle le plus important est l'oxigène. C'est un gaz incolore, inodore, sans saveur ; sa pesanteur spécifique, celle de l'eau étant prise pour unité, est 1,1026. Il est peu soluble dans l'eau, car ce liquide n'en absorbe que les 35 millièmes de son volume. Ce gaz devient lumineux par une pression forte et subite.

Il donne à la combustion des corps une grande activité. Plongez dans une cloche remplie d'oxigène un fil mince de fer, dont l'extrémité porte un petit morceau d'amadou déjà allumé, vous verrez le fer brûler avec une vive lumière, et des gouttelettes de fer fondu projetées sur le verre, y pénétrer et y demeurer incrustées. Une bougie récemment éteinte, mais qui présente encore quelques points en ignition, se rallume aussitôt qu'on la plonge dans ce gaz, et y brûle avec beaucoup d'éclat.

Ce gaz forme les 21 centièmes de l'air atmosphérique : c'est lui qui entretient la respiration.
Le gaz azote, qui forme les 79 centièmes de
l'air, ne fait que modérer l'action trop vive de
l'oxigène. Ce dernier constitue les 8/9 du poids
de l'eau ; il entre dans la composition de presque
toutes les substances végétales et animales, et
de la majeure partie des substances minérales.

Préparation. Pour le préparer on place dans
une cornue de grès C, du peroxide de manganèse
naturel, pulvérisé et dépouillé du carbonate
qu'il contient, par le lavage dans l'acide hydrochlorique étendu d'eau. Au col de la cornue on

Fig. 1re.

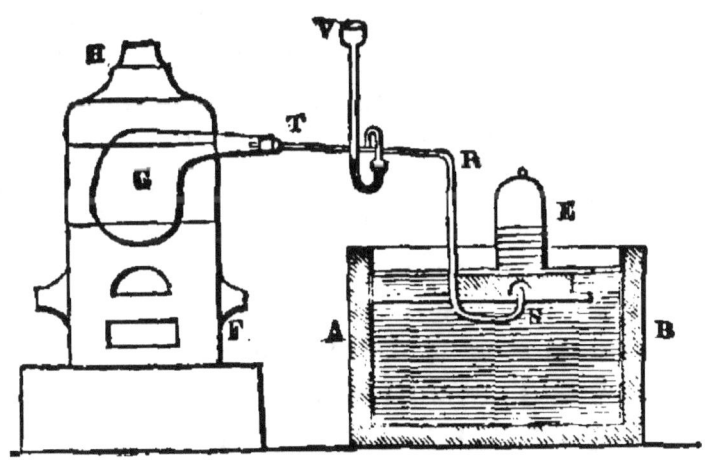

adapte un tube recourbé TRS, plongeant dans
une cuve pleine d'eau AB ; la cornue est engagée
dans un fourneau à réverbère FH. A l'extrémité

du tube recourbé, on dispose une cloche pleine d'eau et renversée ; l'eau se maintient dans la cloche en vertu de la pression exercée par l'atmosphère sur celle que contient la cuve. L'appareil ainsi disposé, on chauffe la cornue ; on voit aussitôt quelques bulles se rendre dans la partie supérieure de la cloche : c'est de l'air dilaté par la chaleur. L'oxigène ne paraît que lorsque la cornue commence à rougir. Il faut en laisser perdre une partie qui contient encore de l'air de l'appareil ; mais bientôt on obtient de l'oxigène pur. L'opération est terminée lorsque la cornue étant rouge de feu, le gaz cesse de se dégager.

Le tube V, soudé sur le tube TRS, s'appelle un tube de sûreté ; on y verse par l'entonnoir qui le termine une petite quantité de liquide. Lorsque dans l'expérience précédente on laisse refroidir l'appareil, la tension du gaz diminue graduellement, et bientôt la pression atmosphérique qui s'exerce sur la surface de l'eau contenue dans la cuve ferait monter ce liquide dans la cornue, et celle-ci serait infailliblement brisée par le refroidissement subit qu'elle éprouverait. Le tube de sûreté est destiné à prévenir cet accident ; l'air entre par le tube de sûreté, et vient ajouter sa tension à celle du gaz que contient l'appareil, ce qui empêche l'eau de remonter dans la cornue.

HYDROGÈNE.

12. L'hydrogène est un gaz incolore, inodore, insipide. Sa densité est 0,0688 ; c'est le plus léger de tous les gaz. Aussi peut-on le verser d'un vase dans un autre, en tenant celui qui contient l'hydrogène au-dessous du deuxième vase, et appliquant les deux ouvertures l'une contre l'autre. Ce gaz éteint les corps en combustion ; mais au contact de l'air la présence d'une bougie allumée l'enflamme ; il brûle avec une flamme presque imperceptible. La chaleur, la lumière et l'électricité sont sans effet sur lui. La pression la plus forte ne peut pas le liquéfier ; il ne devient pas lumineux par une pression forte et subite. L'eau n'en dissout que 0,04 de son volume.

L'hydrogène se combine avec un très-grand nombre de corps ; il constitue, en poids, la neuvième partie de l'eau ; il se rencontre dans la plupart des matières végétales et animales. A l'état de pureté il n'est employé par les chimistes que pour l'analyse d'un grand nombre de substances, et pour enlever l'oxigène à des oxides métalliques quand on veut se procurer des métaux très-purs. On s'en sert aussi pour remplir les ballons.

Préparation. On prend un flacon à deux tubulures ; à l'une d'elles on adapte un tube droit T, qui plonge jusqu'au fond, et qui s'élève au de-

hors de 5 ou 6 pouces. A l'autre on adapte un
tube recourbé, qui va se rendre sous une cloche C
pleine d'eau, et renversée sur une cuve aussi
pleine d'eau. On met dans le flacon du zinc en

Fig. 2.

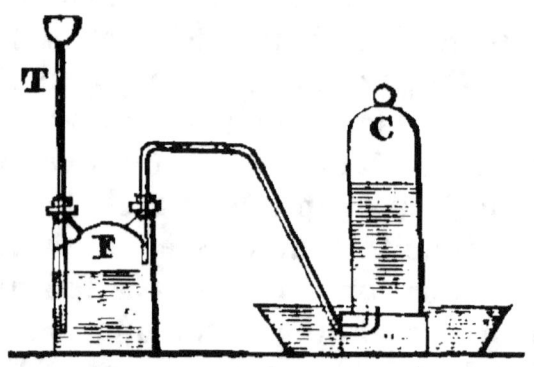

grenaille, et de l'eau en quantité suffisante pour
remplir le flacon jusqu'aux deux tiers. Après
avoir fermé bien exactement les deux tubulures,
on verse, par le tube droit, de l'acide sulfurique.
On voit se manifester une vive effervescence.
L'hydrogène, entraînant avec lui de l'air, se rend
sous la cloche C; on est obligé de rejeter ces
premières parties du gaz. Bientôt le dégagement
diminue, alors on verse encore une petite quantité d'acide sulfurique, ce qui donne lieu à un
nouveau dégagement d'hydrogène; l'opération
est terminée lorsqu'une nouvelle addition d'a-
cide sulfurique ne produit plus une nouvelle

production de gaz. Dans cette opération, l'eau est décomposée en oxigène et hydrogène ; l'oxigène s'unit au zinc et forme avec lui du protoxide de zinc, qui s'unit à l'acide sulfurique, et produit du sulfate de protoxide de zinc ; l'hydrogène se dégage.

On peut substituer au zinc de la limaille de fer ou de la vieille féraille ; mais alors il faut employer une plus grande quantité d'acide sulfurique, parce que cet acide attaque le fer plus difficilement qu'il n'attaque le zinc.

Aérostats. Les aérostats sont remplis de gaz hydrogène ; seulement on remplace le flacon par des tonneaux percés de trous pour donner passage à des tubes de plomb qui conduisent le gaz dans une grande cloche préalablement remplie d'eau. A cette cloche est adapté un tuyau de cuir qui doit conduire le gaz dans le ballon. On se sert ordinairement de découpures de tôle au lieu de zinc.

L'expérience a démontré que 3 kilogrammes de fer, 5 kilogrammes d'acide sulfurique, et 30 kilogrammes d'eau, produisent au moins un mètre cube de gaz. Ainsi, pour remplir un ballon de 6 mètres de diamètre, ou de $149^m,1$, il faudra à peu près 447 kilogrammes de fer, 745 kilogrammes d'acide sulfurique et 4476 kilogrammes d'eau.

On emploie pour former les ballons un taffetas verni, dont 4 mètres carrés pèsent 1 kilogramme.

Il suffit donc de calculer sa surface en mètres carrés, de la diviser par 4, pour avoir le poids de l'enveloppe. On évalue le poids de chaque mètre cube d'hydrogène humide à 100 grammes, celui de l'air est de 1300 grammes; en multipliant par 1,2 le volume du ballon, et retranchant du produit le poids de l'enveloppe et celui des agrès, on aura la force ascensionnelle du ballon. On a soin de ne pas remplir le ballon entièrement, parce qu'à mesure qu'il s'élève dans l'air plus raréfié, l'hydrogène intérieur se dilate et finit par remplir le ballon.

EAU.

13. On sait que l'eau se présente 1° à l'état solide, et qu'alors on lui donne le nom de *glace*; 2° à l'état liquide, c'est celui qu'elle affecte le plus ordinairement; 3° à l'état de fluide élastique, alors on la désigne sous le nom de *vapeur*. On sait aussi que par la chaleur on peut la faire passer successivement du premier état au troisième, et par le refroidissement du troisième état au premier.

On sait encore qu'au-dessous de 0° l'eau est généralement à l'état de glace, quoiqu'on puisse la maintenir liquide, même jusqu'à 12° au-dessous de 0, en prenant certaines précautions. La glace est plus légère que l'eau, car elle flotte à la surface, et le calorique latent employé à faire passer un kilogramme de glace à l'état liquide, sans changer sa température de 0°, est suffisant pour faire passer un kilogramme d'eau, de 0° à 75°. De même, pour faire passer un kilogramme d'eau à 100°, de l'état liquide à l'état de vapeur, il faut une quantité de chaleur latente égale à celle qui est nécessaire pour faire passer de 0° à 100° cinq kilogrammes et demi d'eau.

L'eau liquide est incolore, inodore, insipide, transparente. Sa densité varie avec sa température; elle est la plus grande possible à 4°,1. Elle varie aussi avec la pression à laquelle l'eau est soumise; mais cette cause produit des effets si peu sensibles qu'une augmentation de pression égale à une pression atmosphérique ne diminue le volume de l'eau que de 50 millionnièmes, en sorte qu'en supposant la contraction proportionnelle à la pression, il faudrait une pression de dix mille atmosphères pour réduire à moitié le volume de l'eau, ou pour doubler sa densité.

On peut voir dans les *Notions élémentaires de physique* quelles sont les propriétés physiques de l'eau à l'état de vapeur. Dans ce qui va suivre, nous ne parlerons que de ses propriétés chimiques.

L'eau est composée de deux volumes d'hydrogène et d'un volume d'oxigène; on s'en assure en faisant passer ces gaz, dans cette proportion, dans un tube préalablement rempli d'eau (*fig.* 3). Ce tube est fermé dans sa partie supérieure par une plaque de fer, fortement mastiquée. Cette plaque est percée par une tige de fer très-courte, portant

Fig. 3.

à chacune de ses extrémités un bouton
métallique. Une deuxième tige, con-
tournée en spirale, est placée dans
l'intérieur du tube; elle porte à l'extrémité supérieure un bouton métallique; son extrémité inférieure tient à
une plaque de fonte placée à la partie
inférieure du tube, et qui porte une
soupape s'ouvrant de dehors en de-
dans. Cet instrument s'appelle un *eudiomètre*. Après avoir introduit dans
l'eudiomètre deux volumes de gaz
hydrogène et un volume de gaz oxigène, on fait passer une étincelle
électrique à travers le mélange; les deux gaz se
combinent instantanément et forment de la vapeur d'eau, qui, refroidie par le contact de l'eau
voisine, devient liquide immédiatement : alors
l'eau de la cuve, sur laquelle est placé l'eudiomètre, remonte dans le tube et le remplit entièrement.

On peut aussi découvrir la composition de
l'eau en faisant passer de la vapeur d'eau à travers un tube de porcelaine contenant quelques
paquets de fil de fer. A ce tube on adapte un tube
de verre qui va plonger sous une cloche remplie
d'eau et renversée. On chauffe le tube de porcelaine jusqu'au rouge; la vapeur d'eau, en passant
sur le fer rougi, est décomposée en oxigène et
hydrogène. Le premier de ces gaz s'unit au fer,

le second se rend sous la cloche. On peut par le poids connaître la quantité d'oxigène uni au fer, et en déduire le volume de ce gaz, dont on connaît la densité; on trouve qu'il est la moitié du volume d'hydrogène obtenu sous la cloche.

L'eau, ou protoxide d'hydrogène, se compose donc de deux atomes d'hydrogène et d'un atome d'oxigène. Comme le poids de l'atome d'hydrogène est 6,24, et que celui de l'oxigène est 100, l'atome d'eau pèse 112,48.

L'eau qu'on trouve dans la nature n'est jamais pure; elle renferme différentes substances. Pour la purifier, on est obligé de la distiller, c'est-à-dire de la réduire en vapeur dans un vase, et de condenser cette vapeur, par le refroidissement, dans un second vase qui communique avec le premier. L'eau pure ne sert que dans les laboratoires.

Deutoxide d'hydrogène ou *eau oxigénée.* L'hydrogène forme avec l'oxigène un deuxième oxide, liquide, même à 30° au-dessous de 0; lorsqu'il est concentré, on ne peut le chauffer sans risquer de le décomposer avec explosion. Il est sans odeur, sans couleur; sa saveur ressemble à celle de plusieurs solutions métalliques; sa densité est 1,452; il détruit peu à peu et blanchit les couleurs des papiers de tournesol et de curcuma. Appliqué sur la langue, il la blanchit, et rend la salive épaisse et écumeuse. Il se compose d'un atome d'oxigène et d'un atome d'hydrogène.

Ce deutoxide d'hydrogène est jusqu'à présent sans usage, à cause de sa cherté, provenant de la difficulté qu'on éprouve à le préparer. On s'en est servi pour restaurer d'anciens dessins jaunis par le temps; il rend au papier sa blancheur, et au crayon sa couleur noire; en sorte que le dessin reprend sa première fraîcheur, mais il perd le cachet d'antiquité auquel tiennent tant la plupart des curieux.

CHLORE.

14. Le chlore est gazeux à la température ordinaire; sa couleur est jaune verdâtre; son odeur et sa saveur, désagréables et fortes, saisissent vivement la gorge et provoquent la toux; sa densité est 2,4216. Une bougie, plongée dans le chlore, pâlit, rougit ensuite et s'éteint. Il détruit rapidement les couleurs végétales, et même l'encre. Soumis à une forte pression et à une faible température, le chlore devient un liquide jaune intense, très-fluide, très-limpide et extrêmement volatil. A l'état de gaz, le calorique, la lumière et l'électricité sont sans action sur le chlore lorsqu'il est sec; il n'en est pas de même lorsqu'il est humide. A la température de 20°, l'eau dissout une fois et demie son volume de chlore; cette dissolution a toutes les propriétés du chlore gazeux. En l'exposant à un froid de deux à trois degrés au-dessous de 0, il s'y forme des cristaux lamellaires d'un

jaune foncé; ces cristaux sont une combinaison d'eau et de chlore, ou un *hydrate de chlore* : ils fondent vers 10° ou 12°, en donnant lieu à un grand dégagement de gaz.

Le chlore décompose rapidement l'eau à la température rouge; il s'empare de l'hydrogène, et forme avec lui de l'acide hydrochlorique; l'oxigène est mis en liberté. A la température ordinaire, le chlore décompose l'eau lentement sous l'influence de la lumière solaire; aussi doit-on conserver le chlore dans des flacons entourés de papier noir, à l'abri de l'influence de la lumière.

Préparation. On met dans un flacon 50 grammes de peroxide de manganèse et 200 grammes de sel marin, qu'on pile ensemble dans un mortier pour les bien mélanger. On verse sur le mélange 100 grammes d'eau et 100 grammes d'acide sulfurique concentré qu'on introduit par petites parties. Ces quatre substances ne doivent pas occuper la moitié du flacon. Le gaz qui se forme est reçu sous une cloche; en sorte que l'appareil est celui qui est représenté *fig.* 2. Le sel marin est une combinaison de chlore et de sodium; son action unie à celle de l'acide sulfurique décompose l'eau en oxigène et hydrogène; le premier s'unit au sodium, et l'oxide qui en résulte va s'unir à une partie de l'acide sulfurique et former du sulfate de soude, tandis que l'hydrogène forme avec le chlore de l'acide hydrochlorique. Celui-ci est décomposé par le peroxide de manganèse; son hydrogène avec une partie de l'oxigène du peroxide forme de l'eau; le protoxide de manganèse s'unit au reste de l'acide sulfurique, et le chlore est mis en liberté. Le flacon, après l'opération, contient du sulfate de soude, du sulfate de protoxide de manganèse et de l'eau.

Le chlore à l'état de gaz, de dissolution ou de chlorure de calcium, est employé au blanchiment des fils et des tissus de coton, de chanvre et de lin. Quelques fabriques de papier s'en servent pour blanchir les chiffons en pâte. On s'en sert aussi pour blanchir les vieilles estampes, restaurer les livres dégradés, effacer les taches d'encre, et désinfecter l'air. il agit ordinairement en s'emparant de l'hydrogène des substances sur lesquelles il agit.

Acide hydrochlorique. Cet acide est gazeux à la température ordinaire; il est incolore; répandu dans l'air, il y forme des vapeurs blanches très-intenses, parce qu'il s'empare de la vapeur d'eau contenue dans l'air. Il éteint subitement les corps en combustion; il rougit fortement la teinture du tournesol; on ne peut le respirer sans danger. Il est décomposé en partie par une série d'étincelles électriques. Deux atomes d'acide hydrochlorique se composent d'un atome de chlore, qui pèse 221,32, et d'un atome d'hydrogène, qui pèse 6,244: en sorte que le poids d'un atome d'acide hydrochlorique est de 113,782.

L'eau en dissout à 20°, sous une pression de
0^m,76, un volume 464 fois plus grand que le sien.
La densité de l'eau saturée est 1,21. La dissolution
aqueuse d'acide hydrochlorique est connue sous
le nom d'*acide muriatique, acide marin, esprit
de sel.* Lorsqu'elle est concentrée, elle répand
dans l'air des vapeurs blanches très-épaisses; elle
est très-acide, très-caustique, et d'une odeur piquante insupportable.

Préparation. On prépare l'acide hydrochlorique en mettant du sel dans un ballon muni de
deux tubes, et y versant de l'acide sulfurique
concentré; l'appareil est celui de la *fig.* 4, dans

Fig. 4.

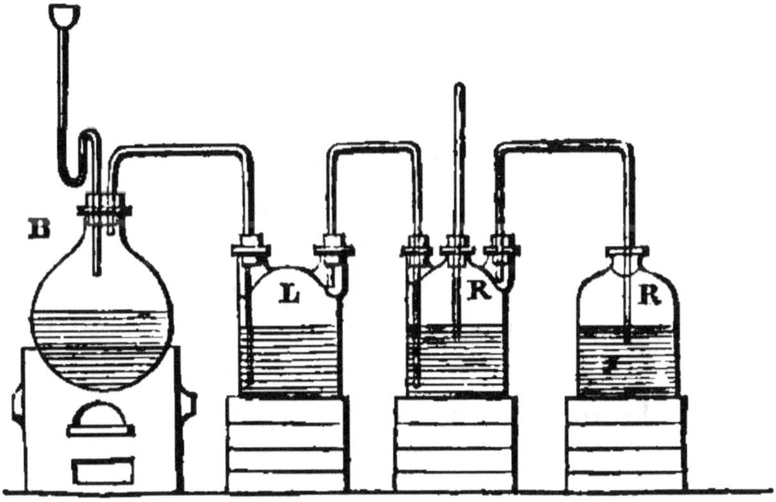

lequel le flacon L, appelé *flacon de lavage,* contient une petite quantité d'eau, destinée à débar-

rasser l'acide des impuretés qu'il peut contenir ; de là le gaz se rend dans le flacon R, où il se dissout dans l'eau. On est obligé de chauffer légèrement. Vers la fin de l'opération, il faut élever la température. Un kilogramme de sel marin suffit pour saturer 700 grammes d'eau, à la température de 15 ou 20°. Le sulfate de soude, qui reste dans le ballon, peut être employé, soit à la fabrication de la soude artificielle, soit à celle du verre.

Acide chlorique. Un atome d'acide chlorique est formé de deux atomes de chlore, dont le poids est 442,64, et de cinq atomes d'oxigène, qui pèsent 500. Ainsi le poids de l'atome d'acide chlorique est 942,64. Cet acide est sans usage. Il en est de même de l'acide perchlorique et de l'oxide de chlore ; aussi nous ne nous en occuperons pas.

BRÔME.

15. Le brôme est un liquide d'un rouge foncé, d'une odeur très-désagréable, d'une saveur très-forte. Il attaque les matières organiques, le bois, le liége, et notamment la peau, qu'il corrode en la colorant fortement en jaune. Une goutte, déposée dans le bec d'un oiseau, suffit pour lui donner la mort. Sa pesanteur spécifique est de 2,966 ; il reste encore liquide à 18° au-dessous de 0, et entre en ébullition à 47° au-dessus. La chaleur est sans action sur lui ; il est mauvais conducteur de l'électricité ; enfin une bougie allumée, plongée dans sa vapeur, y brûle quelques instans avec une

flamme verte à la base et rougeâtre au sommet.

Le brôme est sans usage, ainsi que ses composés, l'*acide hydrobrômique* et l'*acide brômique*, dont les propriétés et la composition sont analogues à celles de l'acide hydrochlorique et de l'acide chlorique.

IODE.

16. L'iode, à la température ordinaire, est solide, d'un gris noir; il se présente souvent en paillettes micacées. Sa cassure est lamelleuse et a un aspect gras; il est très-tendre et très-friable. Sa saveur est âcre, quoiqu'il soit très-peu soluble; il tache la peau en jaune brun très-foncé; cette couleur disparaît peu à peu. Il détruit les couleurs végétales, mais moins facilement que le chlore. L'eau en dissout un sept-millième de son poids, et se colore en jaune orangé. Sa densité est 4,948; celle de sa vapeur est 8,716; il fond à 107° et se volatilise vers 180°. Ses vapeurs sont d'une belle couleur violette; c'est de là que lui vient son nom. Il n'est point conducteur de l'électricité, et n'est pas inflammable.

Préparation. L'iode s'extrait des eaux-mères des soudes de varechs. On verse dans ces eaux-mères de l'acide sulfurique, et on distille le mélange; on voit aussitôt une vapeur violette se répandre dans le récipient, et s'y condenser sous la forme de paillettes, qui sont de l'iode.

Il suffit, pour le purifier, de le laver deux ou trois fois avec un peu d'eau froide, de le comprimer entre des feuilles de papier joseph; enfin, de le sublimer de nouveau sur une petite quantité de chlorure de calcium fondu, pour le dessécher.

L'iode est un remède spécifique contre les goîtres, mais il doit être employé avec les plus grandes précautions; il a été constaté que toutes les substances qui agissent contre les goîtres contenaient de l'iode.

L'*acide hydriodique* et l'*acide iodique* sont analogues, pour les propriétés et la composition, à l'acide hydrochlorique et à l'acide chlorique. Ils sont sans usage, ainsi que les deux *chlorures d'iode* et le *brômure d'iode*.

FLUOR. — ACIDE HYDRO-FLUORIQUE.

17. Le *fluor* n'a pu être obtenu isolément, mais l'analogie de ses composés avec ceux du brôme et de l'iode, et surtout avec les composés du chlore, donne lieu de croire qu'il jouit de propriétés semblables à celles de ce dernier.

L'*acide hydrofluorique* est liquide, incolore, très-acide, d'une odeur piquante et pénétrante, d'une saveur insupportable. C'est le plus corrosif de tous les corps connus; sa vapeur, même répandue dans l'air, est extrèmement dangereuse. Sa densité est de 1,06; il ne se congèle pas, même à 40° au-dessous de 0; il bout vers 80°. Il répand à l'air d'épaisses vapeurs blanches. Chaque goutte, versée dans l'eau, y produit le même sifflement qu'un fer rouge.

Préparation. On place dans une cornue de plomb ou de platine du *spath fluor*, ou fluorure de calcium, en poudre fine, et de l'acide sulfurique. Le col de la cornue et le récipient qui est un large tube recourbé, percé seulement d'un petit trou pour donner passage à l'air, sont du même métal, et sont unis à frottement. Il suffit d'une légère chaleur, pour que l'eau de l'acide sulfurique soit décomposée ; l'oxigène se porte sur le calcium et forme de la chaux qui s'unit à l'acide sulfurique sec ; l'hydrogène s'unit au fluor, et les vapeurs de l'acide hydrofluorique vont se condenser dans le récipient refroidi. On conserve cet acide dans des vases de plomb ou de platine, parce qu'il attaque les autres métaux, et que les vases de verre ou de grès sont rapidement altérés.

SOUFRE.

18. Le soufre est solide à la température ordinaire, sa couleur est jaune citron. Il est fragile, et peut facilement se réduire en poudre. Mauvais conducteur de l'électricité et de la chaleur, il acquiert par le frottement l'électricité résineuse, et la chaleur de la main suffit quelquefois pour le faire briser. Sa densité est 1,99. Il fond à 109° ; à

cette température il est très-fluide; en continuant de le chauffer, il commence à s'épaissir et à prendre une couleur rouge hyacinthe qui devient plus foncée à mesure que la température s'élève; vers 220°, il redevient fluide, mais moins qu'il ne l'était au-dessous de 140°; enfin il bout vers 400°.

Lorsque le soufre épais est jeté dans l'eau froide, il reste mou pendant un temps d'autant plus long que la température était plus élevée avant le refroidissement. Il conserve cette mollesse pendant plusieurs jours; on s'en sert dans cet état pour prendre les empreintes les plus délicates.

On peut le faire cristalliser en le faisant fondre dans un creuset et le laissant refroidir très-lentement. Avant que tout le soufre soit devenu solide, on perce la croûte qu'il forme avec un fer chaud, et on décante le soufre liquide que contient encore le creuset; on aperçoit alors une foule d'aiguilles cristallines d'une transparence parfaite.

Préparation. On prend du soufre naturel qui se trouve dans le voisinage des volcans, mélangé avec des substances terreuses; on le distille une première fois, on en reçoit la vapeur dans des seaux de bois remplis d'eau, où elle se condense. Dans cette première opération, le soufre entraine avec lui 12 ou 15 pour 100 de matières terreuses dont il faut le débarrasser. Pour le purifier, on le distille de nouveau en le faisant bouillir dans une vaste et épaisse chaudière de fer, et recevant les vapeurs dans une chambre plus ou moins vaste, selon qu'on veut obtenir de la fleur de soufre ou du soufre fondu. Dans ce dernier cas, on fait couler le soufre liquide, au moyen de robinets, dans des moules en bois, où il se solidifie.

On extrait aussi le soufre, par distillation, des pyrites de fer, ou persulfures de fer, et alors le résidu sert à former le sulfate de fer.

Le soufre sert à faire des allumettes, à faire des moules ou à prendre des empreintes. Il est employé à sceller le fer dans la pierre, à fabriquer l'acide sulfureux, l'acide sulfurique, différens sulfures employés dans la médecine, le sulfure de mercure ou cinabre, enfin la poudre à canon.

Acide hydrosulfurique. Le soufre forme avec l'hydrogène un gaz acide, incolore, d'une odeur et d'une saveur semblables à celles des œufs pourris, tellement délétère, qu'un cheval mourrait au bout de peu de temps en respirant de l'air chargé d'un deux-centième de ce gaz. On détruit ses effets au moyen du chlore qui lui enlève l'hydrogène; le soufre se dépose.

On prépare ce gaz au moyen de l'appareil représenté *fig.* 2, en mettant dans un flacon du sulfure d'antimoine et de l'acide hydrochlorique liquide, et on chauffe doucement le mélange.

Deux atomes d'hydrogène et un atome de soufre forment deux atomes d'acide hydrosulfurique,

2 atomes d'hydrogène pèsent. . .   12,48
1 atome de soufre. 201,16
_____
2 atomes d'acide hydrosulfurique. 213,64

Ainsi, le poids d'un atome est 106,82 ; on en conclut pour la densité 1,178; celle qu'on obtient directement par l'expérience est 1,191.

Il existe une seconde combinaison d'hydrogène et de soufre, connue sous le nom d'*hydrure de soufre;* elle renferme cinq fois autant de soufre que l'acide hydrosulfurique. L'une et l'autre sont sans usage.

Acide sulfureux. Gazeux, incolore, il a l'odeur du soufre qui brûle; il pèse 2,234; la chaleur ne peut le décomposer; un froid de 20° le liquéfie. Ce liquide est incolore, sa densité est 1,45; il bout à 10° au-dessus de 0.

Deux atomes d'acide sulfureux se composent d'un atome de soufre et de deux atomes d'oxigène, ce qui donne pour le poids d'un atome d'acide sulfureux 200,58.

Préparation. On obtient cet acide gazeux en versant de l'acide sulfurique sur du mercure ; l'appareil est celui de la *fig.* 2, dans lequel on remplace l'eau de la cuve par du mercure. Si l'on veut l'obtenir dissous dans l'eau, on emploie l'appareil de la *fig.* 4; alors, au lieu de mercure on met du charbon dans le ballon; on se sert toujours d'acide sulfurique. Cet acide est très-soluble dans l'eau; celle-ci peut en dissoudre 45 fois son volume.

L'acide sulfureux est employé au blanchiment
des matières animales, au traitement de la gale et
de diverses maladies de la peau. Dans ce dernier
cas, le malade est placé dans une espèce de boîte,
ayant la tête seulement au dehors, et disposée de
manière à ne pas respirer l'acide sulfureux qu'on
fait arriver dans la boite.

Acide sulfurique. L'acide sulfurique pur est
solide à la température ordinaire; il fond à 25°, et
entre presque immédiatement en ébullition; liquide, sa densité est 1,97 à 20° de température. A
la chaleur rouge, il se décompose en acide sulfureux et oxigène. Il attire fortement l'humidité
de l'air et répand des vapeurs blanches très-
épaisses. Chaque goutte versée dans l'eau y produit l'effet d'un fer rouge. Son point d'ébullition
est d'autant plus retardé qu'il contient une plus
grande quantité d'eau; cependant la température
la plus élevée de son ébullition ne dépasse pas 310°,
il forme alors l'acide sulfurique hydraté ordinaire.

L'acide sulfurique hydraté est un liquide visqueux, dont la densité, lorsqu'il est concentré,
est 1,848. Il désorganise toutes les matières végétales et animales, rougit fortement la teinture de
tournesol. Il se décompose par la chaleur en eau,
oxigène et acide sulfureux; il attire si fortement
l'humidité de l'air, qu'il peut absorber quinze fois

son propre poids d'eau. Versé dans l'eau, il produit une chaleur qui peut s'élever jusqu'à 130°. Il détermine rapidement la fusion de la glace. La température du mélange peut être plus ou moins élevée que celle des deux substances, suivant les proportions dans lesquelles elles sont employées. Quatre parties d'acide et une de glace produisent de la chaleur; au contraire, quatre parties de glace et une d'acide produisent un froid de 20° au-dessous de 0.

Acide sulfurique fumant de Nordhausen. C'est un mélange d'acide sulfurique pur et d'acide hydraté ordinaire; moins pesant que l'acide pur, il l'est plus que l'acide ordinaire; chauffé, il se réduit à l'état d'acide ordinaire; on l'emploie de préférence à ce dernier pour dissoudre l'indigo.

L'atome d'acide sulfurique sec se compose d'un atome de soufre, pesant 201,16, et de trois atomes d'oxigène, pesant 300 : son poids est donc 501,16. L'acide hydraté contient de plus deux atomes d'eau pesant 112,48.

Comme l'acide sulfurique hydraté est celui de tous les produits chimiques qui est le plus employé, il est nécessaire de connaître combien il contient d'eau, outre celle qui est nécessaire à sa composition. Voici les quantités d'eau contenues dans 100 parties d'acide, d'après le degré qu'il indique à l'aréomètre de Baumé :

Degrés de l'aréomètre de Baumé.			Quantité d'eau pour 100.
66°	. . . .		0
60.	. . . .		15,78
55.	. . . .		25,68
54.	. . . .		27,30
53.	. . . .		28,83
52.	. . . .		30,70
51.	. . . .		31,70
50.	. . . .		33,55
49.	. . . .		35,63
48.	. . . .		37,20
47.	. . . .		38,68
46.	. . . .		40,15
45.	. . . .		41,98
40.	. . . .		49,59
35.	. . . .		56,79
30.	. . . .		63,48
25.	. . . .		69,88
20.	. . . .		75,99
15.	. . . .		82,61
10.	. . . .		88,27
5.	. . . .		93,40

Préparation. On ignore le procédé suivi à Nordhausen pour la préparation de l'acide sulfurique fumant; mais il est facile d'en obtenir au moyen de l'appareil *fig.* 4, en remplaçant le ballon par une cornue qui n'a pas besoin d'être tubulée. Cette cor-

nue est placée dans un fourneau à réverbère; on y
met du sulfate de fer privé par la fusion de son
eau de cristallisation; on verse dans les flacons
représentés dans la figure de l'acide sulfurique
du commerce aussi concentré que possible. Cela
fait, on chauffe la cornue jusqu'au rouge, ce qui
décompose le sulfate de fer, l'acide sulfurique
pur vient se condenser dans les flacons qu'on a
soin de refroidir. Il s'y trouve mélangé avec de
l'acide sulfureux, provenant aussi de la décomposition du sulfate de fer. On arrête la distillation quand on le juge convenable.

L'acide sulfurique du commerce se prépare
dans de grandes chambres de plomb ayant 60 pieds
de long, 20 de large et 15 de hauteur; le sol en est
légèrement incliné, et le fond couvert d'une couche d'eau dont l'épaisseur moyenne est de 4 pouces environ. Sur une plaque de fonte, on met un
mélange de 100 kilogrammes de soufre et de 10
kilog. de salpêtre, ou nitrate de potasse; en chauffant ce mélange, les deux matières sont décomposées, le soufre brûle et forme de l'acide sulfureux,
l'acide nitrique du nitrate, qui a cédé une partie
de son oxigène au soufre, se change en deutoxide
d'azote, lequel s'unit à l'acide sulfureux et à l'oxigène de l'air de la chambre et forme des flocons
blancs qui, en tombant dans l'eau, y laissent de
l'acide sulfurique et renvoient dans la chambre du
deutoxide d'azote. Celui-ci s'unit à une nouvelle
quantité d'acide sulfureux provenant de la combus-

tion du soufre, et à l'oxigène de l'air contenu dans
la chambre; de nouveaux flocons sont formés et
décomposés par l'eau dans laquelle ils laissent de
l'acide sulfurique; et l'opération continue ainsi
jusqu'à ce qu'il n'y ait plus de soufre à brûler.
Lorsque la couche d'eau est assez chargée d'acide
sulfurique pour marquer environ 45° à l'aréomètre
de Baumé, on la retire pour faire concentrer l'a-
cide par la chaleur, soit dans des vases de platine,
soit dans des cornues de grès; quand l'ébullition
n'a lieu qu'à 310°, on juge que l'acide est conve-
nablement concentré. Cette opération, bien conduite, donne 300 kilogrammes d'acide pour 100
kilogr. de soufre employé. Dans ces derniers
temps, on a commencé à se servir de nitrate de
soude, beaucoup moins cher que le nitrate de
potasse.

L'acide ainsi obtenu n'est pas pur; pour le purifier, il suffit de le distiller dans une cornue de
grès ou de verre; le récipient doit être refroidi; il
faut avoir soin de n'employer ni bouchon, ni lut
ou mastic. L'acide hydraté pur n'est utile que dans
les laboratoires de chimie.

L'acide *hyposulfureux* et l'acide *hyposulfuri-*
que sont sans emploi dans les arts; le premier,
d'ailleurs, ne peut être obtenu séparément; son
atome, composé d'un atome de soufre et d'un
atome d'oxigène, pèse 301,16. L'atome d'acide hy-
po-sulfurique, composé d'un atome de soufre et
de 2 ; atomes d'oxigène, pèse 451,16.

Chlorure de soufre. Liquide, de couleur orangée, fluide, bien transparent; son odeur est plus fétide que celle du chlore; il répand des fumées blanches au contact de l'air humide. On le prépare en faisant passer un courant lent de chlore sur des fleurs de soufre. Il transforme presque tous les métaux en sulfures et chlorures, de manière à produire quelquefois des détonations qui peuvent être dangereuses. Son atome, composé d'un atome de soufre et de deux atomes de chlore, pèse 643,81. Il est sans usage.

Le soufre s'unit aussi avec le brôme et l'iode; le brômure et l'iodure qui en résultent ne présentent aucune utilité.

PHOSPHORE.

19. Solide à la température ordinaire, le phosphore fond à 43° environ, et entre en ébullition à 290°, quoique les vapeurs commencent à se former à une température assez basse. Il est sans saveur, quand il est pur, parce qu'il est insoluble dans l'eau; son odeur est faible, elle rappelle celle de l'ail; mou et flexible, il se laisse rayer par l'ongle, et plier plusieurs fois sans se rompre; mais il suffit de $\frac{1}{100}$ de soufre pour le rendre cassant. Quelquefois il est transparent et sans couleur, d'autres fois il est jaunâtre. Si on le refroidit brusquement, après l'avoir fait fondre à 70° ou 80°, il devient brun et opaque; mais, pour lui rendre sa couleur primitive, il suffit de le faire refondre et de le lais-

ser refroidir lentement. Il brûle lentement dans l'air à la température ordinaire; la chaleur de la main suffit pour rendre la combustion vive; aussi est-il prudent de ne le manier que dans l'eau. On le conserve dans des flacons couverts de papier noir et remplis d'eau, parce que la lumière lui donne la propriété de décomposer l'eau et de s'en approprier lentement l'oxigène.

Préparation. On calcine des os, pour en détruire la partie animale; le résidu consiste principalement en sous-phosphate de chaux. On les pulvérise, et on passe la poudre au tamis; on y verse de l'acide sulfurique qui s'empare d'une partie de la chaux, et laisse du phosphate acide de chaux dans la liqueur. Cet acide est calciné avec du charbon dans une cornue de grès. L'excès d'acide phosphorique est décomposé, son oxigène forme avec le charbon de l'oxide de carbone qui se dégage, et du phosphore qui se volatilise, et qu'on fait condenser dans un récipient contenant de l'eau à 60° environ. Pour purifier ce phosphore brut, on le fait passer à travers un morceau de peau de chamois; on le moule ensuite dans des tubes de verre de deux ou trois lignes de diamètre.

Le phosphore sert principalement dans les laboratoires; on l'emploie aussi pour faire des briquets.

Hydrogène protophosphoré et *hydrogène perphosphoré.* Ces deux gaz sont incolores, ont une odeur alliacée très-forte. Le premier pèse 1,214, le second 1,751. Le chlore, l'iode, le brôme et le soufre leur enlèvent l'hydrogène; mais les deux derniers exigent l'emploi de la chaleur. L'hydrogène perphosphoré s'enflamme aussitôt qu'il a le contact de l'air ou de l'oxigène; tandis que l'hydrogène protophosphoré ne brûle au contact de ces gaz que lorsqu'on élève la température. Un atome de phosphore et 3 atomes d'hydrogène forment 2 atomes d'hydrogène protophosphoré; trois atomes de phosphore et 6 atomes d'hydrogène forment 4 atomes d'hydrogène perphosphoré. Le poids de l'atome de phosphore est 196,15; il s'ensuit que

1 atome d'hydrog. protophosphoré pèse 107,44,
1 atome d'hydrog. perphosphoré pèse 156,48.

On croit que ces deux gaz contribuent à donner naissance à ces feux-follets qui s'observent dans les marais et les cimetières humides.

Oxide de phosphore. Le phosphore exposé à la lumière diffuse se couvre d'une croûte blanche, plus ou moins épaisse, qu'on regarde comme un oxide de phosphore hydraté; son histoire est encore inconnue.

Acide phosphorique sec. Formé de 2 atomes de phosphore et de 5 atomes d'oxigène, l'atome d'acide phosphorique sec pèse 892,3. On l'obtient par la combustion vive du phosphore dans l'air ou dans l'oxigène sec. A peine est-il exposé à l'air libre qu'il en attire l'humidité.

Il est solide, blanc, pulvérulent, très-acide, et produit tant de chaleur en le jetant dans l'eau , qu'il en résulte un sifflement comparable à celui qui est produit par un fer rouge.

Acide phosphorique hydraté. Solide, sans odeur, sans couleur, très-acide, il fond au-dessous de la chaleur rouge, et, en se refroidissant, donne un verre bien transparent; fondu, il attaque les vases de verre ou de terre, et même ceux d'argent sous l'influence de l'air.

Préparation. Versez du perchlorure de phosphore dans l'eau par petites portions; l'oxigène de l'eau se portera sur le phosphore et formera de l'acide phosphorique qui restera dans la liqueur, ainsi que l'acide hydrochlorique qui se forme en même temps. La chaleur évaporera ce dernier acide et l'eau en excès. L'opération doit être terminée dans un creuset de platine, qu'on met lui-même dans un creuset de terre, pour qu'il ne touche pas le charbon.

Acide phosphoreux. Son atome contient 2 atomes de phosphore et 3 atomes d'oxigène; il pèse 692,3.

Acide hypophosphorique. Il peut être considéré comme formé de deux atomes d'acide phosphorique et d'un atome d'acide phosphoreux.

Acide hypophosphoreux. Son atome contient deux fois plus de phosphore que celui de l'acide phosphoreux.

Ces quatre acides sont sans usages.

Le phosphore se combine avec le chlore, le brôme, l'iode et le soufre, et donne naissance à des composés qui n'ont aucun emploi.

AZOTE.

20. Gazeux, incolore, insipide, l'azote éteint les corps en combustion; sa densité est 0,976. Il forme les 0,79 de l'air atmosphérique.

Préparation. Mettez sur une coupelle d'os calcinés deux ou trois grammes de phosphore, et placez cette coupelle sur une plaque de liége flottant à la surface de l'eau; allumez le phosphore et recouvrez le liége d'une cloche dont les bords devront être maintenus au-dessous de la surface de l'eau. Le phosphore s'unit à l'oxigène de l'air qui est sous la cloche, et forme de l'acide phosphorique. Le gaz azote contenu dans la cloche contient un peu d'acide carbonique et des vapeurs de phosphore; pour s'en débarrasser, on le fait passer à travers une dissolution de potasse caustique.

Ammoniaque ou azoture d'hydrogène. Ce corps est gazeux, incolore, très-âcre et très-caustique. Son odeur vive et pénétrante provoque les larmes; sa densité est 0,591. Le froid et la pression parviennent également à le rendre liquide. La chaleur rouge-cerise ne peut le décomposer. Une série d'étincelles électriques le décompose; pour cette opération, on fait passer dans l'eudiomètre, préalablement rempli de mercure, une petite quantité d'ammoniaque, et, au moyen d'une bonne machine électrique, on fait passer une série d'étincelles électriques; la décomposition est très-lente; lorsqu'elle est terminée, on trouve que le volume occupé par le gaz a doublé, et que l'eudiomètre contient ½ volume d'azote et 1 volume ½ d'hydrogène. On trouve ainsi pour le poids de l'atome d'ammoniaque 53,625.

L'eau dissout au moins le tiers de son poids de gaz ammoniac, la glace même l'absorbe. La dissolution a toutes les propriétés du gaz ; elle se fige à 40° au-dessous de 0°, alors elle devient opaque et perd son odeur.

Préparation. Broyez ensemble parties égales de chaux vive et d'hydrochlorate d'ammoniaque, mettez le mélange dans une cornue, et disposez l'appareil comme dans la figure 2 ; une très-légère chaleur suffira pour opérer la décomposition du sel ammoniac ; il restera dans la cornue du chlorure de calcium ; l'ammoniaque se rendra dans les récipiens, où elle se dissoudra dans l'eau. Quand on veut que la dissolution soit concentrée, il faut rafraîchir les récipiens. On doit aussi éviter de remplir les flacons au-delà des deux tiers, parce que le volume de la dissolution est plus considérable que le volume primitif de l'eau. Si l'on veut obtenir le gaz, il faut adapter à la cornue un tube recourbé qu'on fera rendre sous une cloche remplie de mercure. Il y a de l'avantage à remplacer le sel ammoniac par le sulfate d'ammoniaque.

La dissolution d'ammoniaque est employée en médecine, tant à l'intérieur qu'à l'extérieur. On s'en sert pour dissiper les gonflemens qui surviennent aux bestiaux repus d'herbes fraîches.

3.

Elle est aussi employée dans les arts, particulièrement pour la teinture.

Air atmosphérique. L'air est composé d'oxigène, d'azote, d'acide carbonique et de vapeur aqueuse. La quantité de vapeur aqueuse dans un espace donné varie de ¦ à de la quantité nécessaire pour saturer le même espace, à la température où se trouve l'air. L'acide carbonique constitue quatre ou cinq dix-millièmes de l'air en volume; on voit que l'azote et l'oxigène peuvent être regardés comme les seuls élémens de l'air; le premier en forme les $\frac{?}{??}$, et le second les $\frac{??}{???}$. Cette composition de l'air a été trouvée la même pour tous les points du globe, excepté dans les lieux soumis à quelque influence particulière, comme les points très-voisins des marais ou des volcans, et les lieux où se trouvent réunis un grand nombre d'hommes ou d'animaux.

Protoxide d'azote. Gazeux, sans odeur, sans couleur, d'une saveur sucrée ; sa densité est 1,5269. Il n'entretient pas la respiration, tandis que les corps allumés y brûlent mieux que dans l'air. Le soufre et le phosphore allumés brûlent dans ce gaz, et donnent lieu, l'un à de l'acide sulfureux, l'autre à de l'acide phosphorique. Son atome se compose d'un atome d'azote et d'un demi-atome d'oxigène, et pèse 138,52.

On l'obtient en décomposant par la chaleur le nitrate d'ammoniaque; il est sans usage.

Deutoxide d'azote. Gazeux, incolore, il s'em-

pare de l'oxigène de l'air, et forme des vapeurs
rouges qui sont de l'acide nitreux. La chaleur le
décompose en azote et en acide nitreux; elle produit le même effet sur le protoxide.

On le prépare en décomposant l'acide nitrique
par le mercure; l'appareil est celui de la figure **4**,
dans lequel on remplit la cuvette et la cloche de
mercure; il reste dans le flacon du nitrate de
mercure; le deutoxide d'azote se rend sous la cloche. Deux volumes d'azote et deux d'oxigène forment quatre volumes de deutoxide d'azote, dont
l'atome pèse par conséquent 99,26.

Acide hyponitreux. Cet acide est toujours uni
à une base, on ne peut l'obtenir isolé. Son atome
se compose de **2** atomes d'azote et de **3** atomes
d'oxigène; il pèse 477,04.

Acide nitreux. Cet acide est liquide à la température ordinaire; sa couleur varie suivant sa température; incolore à **20°** au-dessous de **0°**, il est
jaune orangé de **15°** à **28°**, point de son ébullition.
Sa saveur est très-caustique, son odeur très-forte;
sa densité est 1,451. Il tache la peau en jaune, et
la désorganise immédiatement. Ses vapeurs sont
rougeâtres et très-dangereuses à respirer.

Il se dissout dans les acides, mais il est très-peu
stable. L'oxigène sec, le chlore, le brôme et l'iode
sont sans effet sur lui; mais le soufre et le phosphore le décomposent, à l'aide de la chaleur. Le
contact de l'hydrogène phosphoré le fait détonner.

On le prépare en décomposant par la chaleur le

nitrate sec de plomb; son atome se compose d'un atome d'azote et de deux atomes d'oxigène; il pèse 288,52. On peut le regarder comme formé de ¦ atome d'acide nitrique et de ¦ atome d'acide hyponitreux.

Acide nitrique. Cet acide ne peut s'obtenir sec, il renferme toujours au moins 14 ou 15 pour cent d'eau. Il est liquide, incolore, odorant, très-fumant à l'air, très-corrosif, d'une saveur très-acide. Il tache fortement la peau en jaune et la désorganise. Sa densité est 1,513 à 18°; il bout vers 86° et se fige à 50° au-dessous de 0°. La chaleur rouge et la lumière le décomposent en acide nitreux et oxigène; mais lorsqu'il est étendu d'eau de manière que sa densité soit 1,32, il n'est plus décomposé par la lumière.

L'oxigène, le chlore, le brôme et l'iode sont sans action sur lui; l'hydrogène, le soufre et le phosphore lui enlèvent tout ou partie de son oxigène. L'acide sulfurique, en lui enlevant son eau, le décompose en oxigène et acide nitreux.

On juge de la pureté de l'acide nitrique par sa densité.

Densité.	Acide sec ou réel pour 100 parties.
1,513.	85,7
1,498.	84,2
1,478.	72,9
1,434.	62,9
1,422.	61,9
1,376.	51,9

L'atome d'acide nitrique se compose de deux atomes d'azote et de cinq atomes d'oxigène; il pèse 677,02. L'acide nitrique hydraté contient de plus deux atomes d'eau.

Préparation. Mettez dans une cornue de verre six parties de nitre et quatre parties d'acide sulfurique du commerce, de manière à ne remplir que la moitié de la cornue; le bec de cette cornue s'engage dans le col d'un ballon, auquel est adapté un long tube (*fig.* 5). On chauffe la cornue à feu

Fig. 5.

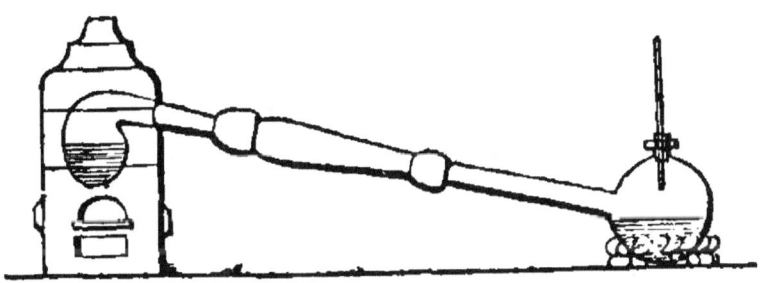

nu; l'acide sulfurique chasse l'acide nitrique de sa combinaison avec la potasse; les vapeurs blanches qui se forment vont se condenser dans le ballon, qu'on a soin de rafraîchir, et donnent l'acide nitrique mêlé d'un peu d'acide nitreux, de chlore, et d'acide sulfurique. On le purifie en le distillant dans un appareil semblable au précédent, après avoir mis un peu de nitrate de plomb dans la cornue. Il faut avoir soin de rejeter le premier dixième du produit de la distillation, car il contient tout l'acide nitreux.

Le procédé suivi dans la fabrication en grand est le même, sauf qu'on remplace la cornue de verre par des cylindres de fonte, et le ballon par des vases en grès, communiquant avec les cylindres au moyen de larges tubes de verre.

L'acide nitrique, ou *eau-forte*, s'emploie à la fabrication des acides sulfurique, oxalique, etc.; on s'en sert pour dissoudre les métaux, graver sur cuivre, former l'eau régale. Il est aussi employé dans la teinture, l'essai des monnaies, le départ de l'or, etc.

Acide nitro-hydrochlorique ou *eau régale*. C'est un mélange d'acide nitrique et d'acide hydrochlorique, dont les proportions varient suivant le but qu'on se propose. Il doit la propriété qu'il possède de dissoudre l'or à l'énorme quantité de chlore qu'il contient en dissolution, et qui provient de la décomposition de l'acide hydrochlorique par l'acide nitrique.

Chlorure d'azote. L'azote forme avec le chlore un composé très-peu stable; c'est un liquide d'apparence huileuse, de couleur jaunâtre, très-volatil; à 30° il détonne avec une violence inconcevable; sa préparation présente donc les plus grands dangers. Il est sans usage.

Iodure d'azote. Ce corps est pulvérulent, de

couleur brune, insoluble. Lorsqu'il est sec, le frottement d'une barbe de plume suffit pour le faire détoner. Il est formé de trois atomes d'iode et d'un atome d'azote; on le prépare en mettant quelques grains d'iode dans un peu d'ammoniaque, agitant et écrasant l'iode avec une baguette de verre; au bout de quelques minutes l'opération est terminée, on jette la matière sur un filtre de papier, et on colle le filtre étendu pour faire sécher la poudre, afin que l'agitation ne produise pas une détonation.

ARSENIC.

21. Quoique l'arsenic soit un métal, nous le plaçons ici, à cause de la grande analogie de ses propriétés avec celles du soufre et du phosphore.

L'arsenic est solide, gris d'acier, solide, très-brillant; mais l'humidité de l'air lui enlève bientôt son éclat. Sa texture est cristalline, tantôt grenue, tantôt lamelleuse. Sans odeur, sans saveur, il est insoluble; sa densité est 1,75. Chauffé en vase clos, il se sublime au rouge naissant, et ses vapeurs cristallisent sur les parties froides de l'appareil. On l'obtient pur en mettant dans une cornue de grès de l'arsenic métallique du commerce pulvérisé; on ferme la cornue avec un bouchon troué, et on chauffe lentement jusqu'au rouge brun. Quand la cornue est refroidie, on la casse, et on trouve le métal dans le col et à la partie supérieure. On le conserve dans des vases remplis d'eau bouillie.

Hydrure d'arsenic et *hydrogène arséniqué*. L'arsenic forme avec l'hydrogène deux combinaisons : la première solide, la seconde gazeuse : la dernière est sans couleur, d'une odeur nauséabonde très-caractérisée; sa densité est 2,695. Il est tellement dangereux de respirer ce gaz, qu'un chimiste distingué, M. Gelhen, périt au bout de neuf jours de souffrances pour en avoir respiré peut-être un centième de grain. Deux atomes de ce gaz se composent d'un atome d'arsenic et de trois d'hydrogène. Comme le poids de l'atome d'arsenic est 470,38 et que celui de l'atome d'hydrogène est 6,24, il s'ensuit que l'atome d'hydrogène arséniqué pèse 244,55.

On l'obtient en traitant par l'acide hydrochlorique l'alliage d'arsenic et d'étain.

Acide arsénieux. Ce corps, désigné vulgairement sous le nom de *mort-aux-rats*, est volatil; il cristallise en une masse vitreuse transparente qui blanchit à l'air. Sa densité est 3,738. Peu soluble dans l'eau froide, il l'est un peu plus dans l'eau bouillante, qui peut en dissoudre le neuvième de son poids. Cette substance est éminemment vénéneuse; en la projetant sur des charbons incandescens, elle donne lieu à des vapeurs blanches dont l'odeur alliacée est si forte qu'on peut reconnaître par ce moyen des quantités imperceptibles d'acide arsénieux. Son atome se compose de deux àtomes d'arsenic et de trois atomes d'oxigène; il pèse 1240,77. Cet acide est analogue à l'acide phosphoreux. On le prépare en chauffant à l'air différens minerais qui renferment des arséniures.

Acide arsénique. Cet acide, qui correspond à l'acide phosphorique et à l'acide nitrique, a son atome composé de deux atomes d'arsenic et de cinq atomes d'oxigène. Il est solide, blanc, plus pesant que l'eau, incristallisable, très-soluble et très-vénéneux.

L'arsenic forme avec le fluor, le chlore, le brôme et l'iode, des composés dont l'atome contient un atome d'arsenic et trois atomes de l'autre composant.

Sulfures d'arsenic. Il existe au moins trois sulfures d'arsenic, dont l'un correspond à l'acide arsénique, le second à l'acide arsénieux, le troisième à un oxide inconnu. Le plus sulfuré est le *sulfure arsénique* dont l'atome contient deux atomes d'arsenic et cinq atomes de soufre, et pèse 1946,57. Il est sans usage.

Le *sulfure arsénieux*, connu sous le nom d'*orpiment*, est jaune, fusible, volatil; sa densité est 8,45. On le trouve dans la nature, tantôt en masses composées de lames demi-transparentes et flexibles, qui se séparent aisément les unes des autres, tantôt en masses amorphes et sans éclat. Sous la première forme, il nous vient de la Perse, et est désigné sous le nom d'*orpin doré*. Son atome, composé de deux atomes d'arsenic et de trois atomes de soufre, pèse 1544,25.

Le *sulfure d'arsenic*, ou *réalgar*, est rouge ou rouge orangé; sa densité est 3,523. On peut l'obtenir en distillant l'arsenic avec des proportions convenables de soufre; mais il se rencontre aussi dans la nature, dans les mêmes gîtes que l'arsenic métallique; on le trouve aussi dans presque tous les volcans. Il est souvent accompagné d'orpiment.

L'orpiment et le réalgar s'emploient en peinture; mais il ne faut jamais les mettre en contact avec la céruse ou carbonate de plomb, car il en résulterait du sulfure de plomb, qui est d'un noir intense.

On reconnaît les sulfures d'arsenic, à ce que, chauffés au rouge avec le contact de l'air, ils donnent l'odeur de l'ail mêlée à celle de l'acide sulfureux.

BORE.

22. Pulvérulent. d'un brun verdâtre, plus pesant que l'eau, tout-à-fait infusible, insoluble dans l'eau quand il a été calciné, sans odeur, sans saveur, il est mauvais conducteur de l'électricité. L'acide nitrique le fait passer à l'état d'acide borique : les hydracides purs sont sans action sur lui. On le prépare en décomposant au moyen de potassium, et à l'aide de la chaleur, l'acide borique fondu et pulvérisé.

Acide borique. Incolore, fusible à une température rouge; il donne par le refroidissement un verre parfaitement transparent : sa densité est 1,830. Sa saveur est faible; l'eau, à la température ordinaire, en dissout 0,03 de son poids; bouillante, elle en dissout 0,08. Son atome est composé de deux atomes de bore, pesant 135,98, et de trois atomes d'oxigène; il pèse donc 435,98 lorsqu'il est sec. Il contient ordinairement, de plus, six atomes d'eau, et seulement trois lorsqu'il a été chauffé jusqu'à 100°.

Préparation. Il s'obtient en formant une dissolution de *borax* ou borate de soude, dans laquelle on verse de l'acide hydrochlorique concentré. Il se forme du chlorure de sodium qui reste en dissolution, et il se précipite de larges écailles qui sont de l'acide borique combiné avec l'acide hydrochlorique. On le purifie en lui faisant éprouver la fusion ignée dans un creuset de platine.

On extrait aussi l'acide borique des eaux des *Lagoni,* espèce de volcan boueux qui se trouve en Toscane. Il suffit de laisser déposer ces eaux, et de les faire cristalliser à plusieurs reprises.

L'acide borique naturel sert à préparer le borax; on l'emploie dans les verreries, dans la composition du strass :. on peut s'en servir en teinture, pour remplacer dans certains cas la crème de tartre.

Le bore forme avec le fluor et le chlore deux gaz extrêmement solubles, et dont deux atomes

contiennent un atome de bore et trois atomes
de l'autre composant.

SILICIUM.

23. Le silicium se présente sous la forme d'une
poudre brune sans éclat métallique; il n'est ni fusible ni volatil; il ne se dissout pas dans l'eau, et ne
le décompose pas. On peut le chauffer jusqu'au
rouge avec le contact de l'air, sans qu'il s'oxide. On
l'obtient en chauffant dans un tube de verre des
couches alternatives de fluorure de silicium et
de potassium. On lave le résidu, et ensuite on le
porte dans un creuset à une température presque
rouge, pour en chasser l'eau. Il est sans usage.

Fluorure et chlorure de silicium. Le premier
est gazeux, le second liquide; ils sont composés
d'un atome de silicium et de deux atomes de
l'autre composant.

Acide silicique ou silice. En masse, ce corps
est transparent et sans couleur; en poudre, il est
d'une blancheur parfaite; son odeur est nulle.
On ne peut le fondre qu'à l'aide du chalumeau
à gaz hydrogène et oxigène; on obtient ainsi
un verre incolore. Insoluble dans l'eau, lorsqu'il
a été calciné, il s'y dissout en petite quantité à
l'état d'hydrate; son action sur les couleurs végétales est faible, mais il agit sur les bases comme
un acide; sa densité est 2,625.

Peu de corps sont capables de l'altérer; il faut

en général lui présenter deux corps dont l'un s'unisse à son oxigène et l'autre à la silice.

Préparation. Prenez du sable siliceux mêlé avec huit ou dix fois son poids de carbonate de soude, faites fondre le mélange dans un creuset de terre ou de platine. On forme ainsi un silicate de soude mêlé à l'excès de carbonate. Pulvérisez la masse refroidie, traitez-la par l'eau bouillante, et versez un excès d'acide hydrochlorique; celui-ci chassera l'acide carbonique et s'unira à la soude; la silice sera précipitée. Évaporez le produit à sicité, après l'avoir filtré. Enfin, faites digérer le résidu avec de l'acide hydrochlorique concentré, lavez et filtrez, vous aurez la silice pure. Son atome se compose d'un atome de silicium et d'un atome d'oxigène; il pèse 192,6.

·La silice est la base essentielle de tous les verres; elle entre dans les émaux, les strass, etc.; elle sert à faire les pierres à fusil, les mortiers, toutes les poteries. Elle fait partie de presque toutes les argiles, des chaux hydrauliques et de la plupart des pierres dures. Elle forme presque seule le cristal de roche, la topaze et le rubis de Bohême, l'améthyste, l'agate et l'opale.

CARBONE.

24. Le carbone se présente sous différens aspects; tantôt il est brillant et incolore comme le diamant; tantôt il est noir et terne comme le charbon de terre et le charbon de bois. Sous

quelque état qu'il se présente, il ne peut être ni fondu ni volatilisé. Il s'unit à la température rouge avec l'oxigène, et forme un gaz, l'acide carbonique, qui a le même volume que l'oxigène employé. Le charbon calciné conduit la chaleur mieux que le bois, mais bien moins que les métaux ; il est bon conducteur de l'électricité. Le charbon ordinaire absorbe les gaz ; l'expérience a prouvé qu'il peut absorber 90 fois son volume de gaz ammoniac, tandis qu'il ne peut absorber 2 fois son volume d'hydrogène.

On se le procure pur en faisant passer à travers un tube de porcelaine chauffé fortement, un courant de vapeur d'essence ou d'alcool.

Le charbon, surtout lorsqu'il est divisé, a la propriété de décolorer les substances végétales et animales. Les charbons provenant de matières animales, quoique moins purs que les charbons des végétaux, jouissent cependant de cette propriété à un degré plus élevé.

Carbures d'hydrogène. L'hydrogène forme avec le carbone un grand nombre de composés. Nous ne parlerons que de l'*hydrogène demi-carboné* et de l'*hydrogène carboné*.

L'hydrogène demi-carboné est un gaz incolore, inodore, dont la densité est 0,559. Il est insoluble dans l'eau, et l'approche d'un corps en combustion le fait brûler avec une flamme jaunâtre. Son atome est composé d'un atome de carbone et de deux atomes d'hydrogène ; il pèse 50,14.

On le retire de la vase des marais, où il se trouve mélangé avec de l'oxigène, de l'acide carbonique et de l'azote. On peut en séparer l'oxigène par le phosphore, et l'acide carbonique par une dissolution de potasse; mais il est impossible d'en extraire l'azote qui, d'ailleurs, ne change rien à ses propriétés chimiques.

L'hydrogène demi-carboné se dégage des mines de houille en très-grande abondance. Il produit par son mélange avec l'air un gaz qui détonne lorsque le mineur y pénètre avec sa lampe. On obvie à cet inconvénient grave, en se servant de *lampes de sûreté* qui sont entourées d'une toile métallique à fils très-serrés. Le mélange d'air et d'hydrogène demi-carboné, qui se trouve dans l'intérieur de la lampe, brûle en élargissant à la pointe la flamme de la lampe, et en lui donnant une couleur bleue. Alors il est prudent de se coucher sur le ventre, et de se traîner ainsi jusqu'à un endroit où l'air soit pur, afin d'éviter les effets de l'explosion.

L'hydrogène carboné est un gaz sans couleur, d'une odeur empyreumatique, peu soluble dans l'eau; il éteint les corps en combustion, mais il brûle au contact de l'air et d'une bougie allumée; sa densité est 0,9852. La chaleur et l'électricité le décomposent; il se produit du charbon et de l'hydrogène demi-carboné ou de l'hydrogène. Son mélange avec l'air ou avec l'oxigène détonne à l'approche d'un corps en combustion. Il en est de même de son mélange avec le chlore, lorsque le mélange est frappé par les vapeurs solaires. Son atome, composé de deux atomes de carbone et de deux atomes d'hydrogène, pèse 87,81.

Préparation. Mettez dans une cornue 100 grammes d'alcool, ajoutez-y peu à peu 350 grammes d'acide sulfurique concentré; à la cornue, adaptez un tube propre à recueillir les gaz, et chauffez le mélange jusqu'à ce qu'il soit en ébullition : l'hydrogène carboné se dégage et est reçu dans des flacons pleins d'eau.

C'est ce gaz qui est employé à l'éclairage. On l'obtient, soit par la distillation du charbon de terre, soit en décomposant certaines huiles par la chaleur. Dans le premier cas, il faut le débarrasser du goudron, de l'acide carbonique et de l'acide hydrosulfurique qui se produisent en même temps.

Acide carbonique. Gazeux, incolore, inodore, impropre à la combustion et à la respiration; sa densité est 1,5195. Il est peu soluble dans l'eau à la pression ordinaire, mais on augmente sa solubilité en augmentant la pression. Sous une pression de 40 atmosphères, cet acide devient liquide; on n'a jamais pu le solidifier.

On le prépare au moyen de l'appareil de la *fig.* 2; on place dans le flacon des morceaux de marbre (carbonate de chaux) recouverts d'une couche d'eau; on verse par-dessus de l'acide hydrochlorique, et l'acide carbonique se dégage aussitôt.

Son atome, qui contient un atome de carbone et un atome d'oxigène, pèse 137,66.

L'acide carbonique fait partie de l'air; il existe certaines cavités du sol, telles que la grotte du Chien près de Naples, d'où l'acide carbonique se dégage. Il se trouve d'ailleurs à l'état de combinaison dans la plupart des substances minérales, et dans presque toutes les substances végétales et animales.

L'acide carbonique est nécessaire à la végétation; il communique au vin de Champagne, à la bière, à certaines eaux gazeuses la propriété de mousser. On l'emploie à la fabrication de la céruse (carbonate de plomb).

Oxide de carbone. C'est un gaz incolore, inodore, presque insoluble, inaltérable par l'électricité ou la chaleur; mais son mélange avec l'oxigène détonne à la température rouge; aussi l'oxide de carbone brûle-t-il au contact de l'air, lorsqu'on y introduit une bougie allumée : sa densité est 0,967. Son atome, composé d'un atome de carbone et d'un demi-atome d'oxigène, pèse 87,66.

On l'obtient, en chauffant ensemble dans une cornue un mélange de marbre en poudre et de limaille de fer.

Cyanogène ou *azoture de carbone.* Gazeux, il se liquéfie et même se solidifie par le froid et la compression. Son odeur est extrêmement vive et pénétrante. Il brûle avec une flamme bleuâtre mêlée de pourpre ; sa densité est 1,8064.

Il est beaucoup plus soluble dans l'alcool que dans l'eau, et supporte une très-haute température sans se décomposer. Mais une chaleur rouge fait détoner un mélange de cyanogène et d'oxigène; une étincelle électrique produit le même effet.

L'oxigène et l'hydrogène peuvent s'unir au cyanogène naissant et former, l'un, de l'acide cyanique, l'autre, de l'acide hydrocyanique. Son atome est composé de deux atomes de carbone et d'un atome d'azote; il pèse 163,85.

On l'obtient en chauffant le cyanure de mercure dans une cornue de verre, à laquelle est adapté un tube propre à recueillir les gaz.

Acide hydrocyanique. Liquide, incolore, très-odorant, le plus énergique de tous les poisons connus; une goutte dans les veines d'un chien suffit pour le faire tomber comme frappé de la foudre ; sa densité à 7° est 0,7058 ; il bout à 26° ; et se congèle à 15° au-dessous de 0. Il se décompose très-rapidement, même à l'abri du contact de l'air. Il est décomposé par l'électricité et par la chaleur rouge. Son atome se compose d'un demi-atome de cyanogène et d'un demi-atome d'hydrogène; il pèse 85,045.

On l'obtient en décomposant le cyanure de mercure par l'acide hydrochlorique.

Acide cyanique et *acide fulminique.* Deux atomes de cyanogène et un atome d'oxigène forment également chacun de ces acides qu'on n'a pu obtenir séparément. Ces acides' forment avec les bases des sels qui jouissent de propriétés très-différentes; ainsi, le cyanate d'argent n'est pas fulminant, tandis que le fulminate d'argent l'est au plus haut point.

Le cyanogène s'unit au chlore, au brôme, à l'iode, au soufre, et agit avec ces corps comme un corps simple. Chacun de ces composés a son atome composé d'un atome de cyanogène et d'un atome de l'autre composant.

CHAPITRE III.

CONSIDÉRATIONS GÉNÉRALES SUR LES MÉTAUX.

PROPRIÉTÉS PHYSIQUES.

25. Les couleurs des métaux sont, en général, comprises entre le blanc pur et le blanc gris ou bleuâtre. Voici le tableau des nuances présentées par les métaux vus en simples lames ou en masses.

Argent. . .	blanc éclatant.
Etain. . . .	blanc grisâtre.
Cadmium .	*id.*
Potassium.	*id.*
Sodium. .	*id.*
Bismuth. .	blanc jaunâtre.
Cobalt. . .	
Manganèse.	blanc gris.
Cérium. . .	
Rhodium..	

Platine. . .	
Palladium.	
Nickel. . .	
Mercure. .	
Iridium. . .	blanc bleuâtre.
Tellure. . .	
Antimoine.	
Plomb. . .	
Zinc. . . .	
Fer.	gris bleuâtre.
Osmium. .	noir bleuâtre.
Molybdène.	gris.
Tungstène.	*id.*
Urane. . . .	brun rougeâtre.
Sélénium. .	brun foncé.
Or.	jaune pur.
Cuivre. . .	jaune rougeâtre.
Titane. . .	jaune rougeâtre plus foncé.

On peut faire cristalliser la plupart des métaux, soit en les fondant et les laissant refroidir jusqu'à ce que la surface soit solidifiée, cassant cette croûte et enlevant la partie encore liquide, soit en soumettant un de leurs composés à l'action d'un courant électrique très-faible.

On peut voir dans les notions élémentaires de physique la densité des métaux qui ont quelque utilité, ainsi que l'ordre dans lequel ils doivent être classés pour la malléabilité, la ductilité, la ténacité et la dilatation qu'ils éprouvent lorsqu'on élève leur température de 0° à 100°.

4.

· ALLIAGES.

26. Les alliages sont solides, excepté les amalgames dans lesquels le mercure est prédominant, et l'alliage formé de trois parties de sodium et d'une partie de potassium, qui est liquide à 0°. Ils sont tous brillans, doués de l'éclat métallique, opaques et d'une couleur qui leur est propre. Leur densité est quelquefois plus grande que celle qui semblerait devoir résulter de la densité des composans et de leur quantité; c'est ce qui arrive pour les alliages d'or et d'étain, d'argent et de zinc, de cuivre et de bismuth. Quelquefois la densité de l'alliage est moindre que la densité moyenne des métaux qui le constituent; cela a lieu pour les alliages d'or et de cuivre, d'argent et de cuivre, de cuivre et de plomb.

Les alliages sont moins bons conducteurs de la chaleur et de l'électricité que les corps dont ils sont formés; ils sont en général moins ductiles, plus durs, plus aigres que le plus ductile des métaux dont ils font partie.

Il arrive souvent qu'un alliage fond à une température plus basse que le plus fusible des métaux qui entrent dans sa composition.

C'est ainsi que l'alliage composé de 8 parties de bismuth, 5 de plomb et 3 d'étain, fond à 94°, tandis que l'étain, le plus fusible de ces trois métaux, ne fond qu'à 210°. En faisant varier les proportions de ces trois composans, on obtient des alliages qui fondent à des températures plus élevées.

Les alliages se préparent en faisant fondre ensemble les métaux que l'on veut unir et brassant le mélange, afin que le plus lourd ne se trouve pas en plus grande quantité dans le fond du creuset; on coule ensuite l'alliage dans une lingotière, où on le moule dans des formes.

OXIDES MÉTALLIQUES.

27. Tous les métaux s'unissent à l'oxigène, mais quatre d'entre eux ne peuvent s'unir directement à ce gaz sec; ce sont l'or, l'iridium, le platine et l'argent. Il n'en est qu'un qui ne puisse s'unir à l'oxigène sec à la température ordinaire, c'est le potassium; tous les autres exigent une température plus ou moins élevée. Nous diviserons les métaux en six sections relativement à leur action sur l'oxigène.

1re *section.* Métaux qui absorbent l'oxigène, même à la température la plus élevée, et qui décomposent l'eau à la température ordinaire. Ce sont le *calcium*, le *strontium*, le *barium*, le *lithium*, le *sodium* et le *potassium*.

2e *section.* Métaux qui absorbent l'oxigène à la température la plus élevée, et qui décomposent l'eau au-dessous de la chaleur rouge. Ce sont le *magnésium*, le *glucinium*, l'*ittrium*, l'*aluminium*, le *zirconium*.

3ᵉ *section*. Métaux qui absorbent l'oxigène à la température la plus élevée, mais qui ne décomposent l'eau qu'à l'aide d'une chaleur rouge. Ce sont le *manganèse*, le *fer*, l'*étain*, le *cobalt*, le *nickel* et le *cadmium*.

4ᵉ *section*. Métaux qui absorbent l'oxigène à la température la plus élevée, mais qui ne peuvent décomposer l'eau. Ce sont le *molybdène*, le *chrôme*, le *tungstène*, le *sélénium*, le *colombium*, l'*antimoine*, l'*urane*, le *cérium*, le *titane*, le *bismuth*, le *cuivre*, le *tellure* et le *plomb*.

5ᵉ *section*. Métaux qui ne peuvent absorber l'oxigène qu'à un certain degré de chaleur, et qui ne décomposent pas l'eau. Ce sont le *mercure* et l'*osmium*.

6ᵉ *section*. Métaux qui n'absorbent l'oxigène à aucune température et ne décomposent pas l'eau. Ce sont l'*argent*, le *palladium*, le *rhodium*, le *platine*, l'*or* et l'*iridium*.

Lorsque l'action de l'oxigène et celle de l'eau sont simultanées, le premier peut s'unir à un métal, et la seconde être décomposée à une température bien inférieure à celle qui est indiquée par la classification précédente; c'est ainsi qu'à la température ordinaire le fer s'unit à l'oxigène de l'air humide et peut-être en décompose l'eau.

De même les métaux de la seconde et de la troisième sections, qui ne décomposent pas l'eau à la température ordinaire, peuvent, à l'aide d'un acide puissant, lui enlever l'oxigène et mettre l'hydrogène en liberté. C'est ainsi que le zinc, sous l'influence de l'acide sulfurique, s'unit à l'oxigène de l'eau.

Parmi les oxides, on distingue les *oxides-acides*, qui ne s'unissent pas avec les acides, mais qui se combinent aux bases; les oxides basiques, qui s'unissent facilement aux acides; les *oxides indifférens*, qui jouent à la fois le rôle d'acides avec certaines bases, et de bases avec certains acides; enfin les *oxides singuliers*, qui ne s'unissent ni aux acides ni aux bases.

Tous les oxides métalliques sont solides, cassans, ternes à l'état de poussière, sans odeur, sans saveur, excepté l'oxide d'osmium, les oxides de la seconde section et les oxides solubles. Ils sont tous plus pesans que l'eau, et colorés de différentes manières.

Quelquefois l'électricité est sans action sur les oxides; mais, dans ceux des cinq dernières sections, elle sépare l'oxigène du métal; celui-ci se porte vers le pôle négatif, tandis que l'oxigène se dirige vers le pôle positif.

L'hydrogène enlève l'oxigène à tous les oxides des quatre dernières sections, mais à une température rouge-cerise seulement pour ceux de la troisième section. L'action du carbone est encore plus énergique. Le chlore n'agit pas sur les oxides-acides, mais il s'unit au métal des oxides basiques et de quelques oxides indifférens, et chasse l'oxigène, lorsque les deux substances sont sèches. Si l'oxide

est dissous dans l'eau, on obtient un chlorure du
métal et un chlorite mélangés. Ces combinaisons
sont très-peu stables, la chaleur suffit pour en
chasser l'oxigène. L'action du brôme et celle de
l'iode sur les oxides sont analogues à celles du
chlore. Le soufre forme, avec les oxides de la première section, un sulfate et un sulfure métallique, à l'aide d'une température rouge ou presque
rouge. Le soufre en vapeur mis en contact avec
les oxides de la 2ᵉ section, préalablement chauffés
au rouge, s'unit à eux avec une vive chaleur, et
produit un sulfure et un sulfate. Avec les oxides
des quatre dernières sections, il donne naissance
à du gaz sulfureux et à un sulfure métallique. Le
phosphore agit à peu près de la même manière
que le soufre; seulement les réactions sont très-
vives et ont lieu généralement avec production de
chaleur et de lumière. L'action de l'arsenic ressemble entièrement à celle du phosphore.

Préparation. Quelques oxides s'obtiennent par
le contact de l'air ou de l'oxigène avec un métal,
soit à la température ordinaire, soit à l'aide d'une
chaleur plus ou moins forte; ainsi, le plomb et le
cuivre, en poudre très-fine, s'oxident au contact
de l'air avec la plus grande rapidité; pour oxider
l'antimoine, on le calcine à l'air; son oxide, qui est
volatil, vient cristalliser sur un creuset renversé,
percé par le fond, et placé sur celui qui contient
l'antimoine. L'oxide de zinc s'obtient en portant
ce métal au rouge dans un creuset ouvert; bientôt

le métal brûle avec une flamme brillante, et donne un oxide blanc très-léger. On peut obtenir aussi les oxides par l'action d'un acide, sous l'influence de l'air. Les oxides basiques de plomb, de cuivre, de fer, d'étain, etc., peuvent s'obtenir ainsi. On obtient les oxides acides en calcinant le métal avec du nitrate de potasse. On peut aussi obtenir les oxides des carbonates ou des nitrates, en décomposant ces sels au moyen de la chaleur.

CHLORURES MÉTALLIQUES.

28. À froid, le chlore attaque tous les métaux; ceux qui ne peuvent s'enflammer à froid dans le chlore y prennent feu lorsqu'on élève suffisamment leur température, et donnent lieu à des chlorures métalliques. Tous les métaux de la 1re section décomposent l'acide hydrochlorique sec, et ont leurs protoxides décomposés par le chlore. Ceux de la 2e section, à l'exception du magnésium, décomposent l'acide hydrochlorique sec, mais leurs oxides ne sont pas décomposés par le chlore. Les métaux de la 3e section n'agissent sur l'acide hydrochlorique sec qu'à une haute température. Ceux de la 4e et de la 5e section ne peuvent décomposer l'acide hydrochlorique qu'avec le concours de l'eau et de l'oxigène; enfin, les métaux de la 6e section, à l'exception de l'argent, forment des chlorures que la chaleur décompose.

Pour chlorurer un métal, on le met en contact

avec l'eau régale, avec l'acide hydrochlorique, ou
avec un chlorure métallique. L'eau régale s'emploie pour former le bichlorure d'étain et les
chlorures de la dernière section, l'acide hydrochlorique pour former ceux des métaux des cinq
autres sections; mais, avec ceux de la 4ᵉ et de la
5ᵉ, l'action n'a lieu qu'avec des matières humides,
et elle est fort lente.

On distingue les chlorures en chlorures *basiques*, chlorures *acides*, chlorures *indifférens* et
chlorures *salins*, qui correspondent aux oxides de
même dénomination; mais il n'existe pas de chlorures *singuliers*. Comme deux atomes d'hydrogène
n'en prennent qu'un d'oxigène pour former l'eau,
tandis qu'ils en prennent deux de chlore, d'iode,
de brôme ou de fluor, pour former les acides hydrochlorique, hydriodique, hydrobrômique et
hydrofluorique; de même, pour connaître la composition des chlorures, iodures, brômures et fluorures, il faut remplacer chaque atome d'oxigène
par deux atomes de chlore, d'iode, de brôme ou
de fluor.

Presque tous les chlorures sont solides à la température ordinaire, les autres sont liquides; les
premiers sont tous inodores; les seconds, qui sont
très-volatils, ont une odeur vive et pénétrante. Le
chlorure d'argent est le seul qui soit sans saveur,
à cause de sa parfaite insolubilité. Tous sont fusibles, et même volatils, à une température plus ou
moins élevée. Les seuls chlorures que la chaleur

décompose sont ceux de la 6e section, excepté le chlorure d'argent.

L'hydrogène décompose tous les chlorures à des températures diverses, excepté ceux des deux premières sections. L'oxigène ne peut décomposer les chlorures des deux dernières sections; il est en général sans action sur les chlorures basiques, et décompose au contraire les chlorures acides et la plupart des chlorures indifférens. Le carbone, le bore, le silicium et l'azote sont sans action sur les chlorures. Le brôme et l'iode sont chassés par le chlore de leur union avec les métaux. Le soufre, le phosphore et l'arsenic sont sans action sur les chlorures des deux premières sections; mais ils peuvent décomposer plusieurs chlorures des autres sections. Les métaux d'une section décomposent, en général, les chlorures des sections suivantes.

Tous les chlorures sont solubles dans l'eau, excepté ceux d'argent et de mercure; celui de plomb est très-peu soluble. L'eau décompose les chlorures de bismuth et d'antimoine; il se forme un précipité blanc contenant de l'oxide et du chlorure; la liqueur contient de l'acide hydrochlorique uni à un peu d'oxide. Les chlorures des 2e, 3e et 4e sections se décomposent quand on cherche à faire évaporer l'eau. Il se dégage de l'acide hydrochlorique; le résidu est un oxide du métal. Il en est de même des chlorures acides. Les chlorures basiques et les chlorures indifférens des 5e

5

et 6° sections peuvent être reproduits par l'évaporation, sans décomposition.

BROMURES MÉTALLIQUES.

29. Les bromures sont généralement solides et sans odeur, fusibles et probablement volatils ; les seuls bromures insolubles connus sont ceux de plomb et d'argent. Les propriétés de ces corps ont d'ailleurs beaucoup de ressemblance avec celles des chlorures ; comme ils ne sont jusqu'à présent d'aucun usage dans les arts, non plus que les iodures et les fluorures, nous n'en parlerons pas davantage.

SULFURES MÉTALLIQUES.

30. Les sulfures sont classés en trois séries : 1° les sulfures simples, 2° les sulfures sulfurés ou polysulfures, 3° les hydrosulfates de sulfures.

Sulfures simples. Dans les sulfures simples, un atome de soufre remplace un atome d'oxigène dans les oxides correspondans ; ils comprennent trois classes : 1° les sulfures solubles dans l'eau ; ce sont ceux de la 1re section et ceux de glucinium, de magnésium et d'ittrium ; 2° les sulfures insolubles hydratés : ce sont ceux de zinc, de manganèse et de fer ; 3° les sulfures insolubles non hydratés : ce sont tous ceux qui ne sont pas compris dans les deux premières classes. Les sulfures de la première classe sont d'un blanc jaunâtre ;

leur odeur et leur saveur sont celles des œufs pourris; ils sont très-vénéneux. Les sulfures des deux autres classes n'ont ni odeur ni saveur. Celui d'étain est jaune doré, celui de mercure est rouge, la plupart des autres sont noirs. La chaleur décompose les sulfures simples de la 6ᵉ section, excepté celui d'argent. Les actions réunies de l'eau et de la chaleur ne produisent aucun effet sur les sulfures de la 1ʳᵉ et de la 3ᵉ sections; mais avec ceux de la 2ᵉ elles donnent lieu à de l'hydrogène sulfuré et à un oxide. L'oxigène sec peut donner lieu, soit à un sulfate, soit à un oxide, soit à un oxi-sulfure, soit enfin à de l'acide sulfureux, en laissant le métal à nu. Le chlore transforme les sulfures anhydres en chlorures métalliques et chlorure de soufre; si les sulfures sont dissous, le chlore ne s'unit qu'au métal, et le soufre se dépose. Le brôme et l'iode agissent de la même manière.

On obtient les sulfures simples en décomposant les sulfates par le charbon, à une température élevée, ou les oxides par l'hydrogène sulfuré.

Persulfures. Ils sont jaunes ou rouges, ont une saveur et une odeur semblables à celles des sulfures simples; ils sont vénéneux. On les prépare en fondant un excès de soufre avec un alcali pur ou carbonaté, ou en faisant bouillir un oxide soluble sur un excès de soufre. Les acides en séparent de l'hydrogène sulfuré, accompagné ordinairement de soufre. Le chlore, le brôme et l'iode agissent sur eux comme sur les sulfures simples.

Hydrosulfates de sulfures. On les obtient par l'action de l'acide hydrosulfurique sur les bases ou les carbonates. Ils sont formés d'un atome de métal, de deux atomes de soufre et de deux atomes d'hydrogène. Les acides en dégagent l'hydrogène sulfuré, sans dépôt de soufre, à moins qu'ils ne puissent déshydrogéner en partie le gaz qui se dégage.

SELS PROPREMENT DITS.

31. On appelle *sel* tout produit provenant de la combinaison de deux composés binaires. L'un des deux composans fait toujours fonction d'acide, l'autre de base. Les bases et les acides se combinent toujours dans des proportions telles, qu'un atome de base s'unit avec 1, 1 ¹/₂, 2 ou 3 atomes d'acide, ou bien qu'un atome d'acide s'unit avec 1, 1 ½, 2 ou 3 atomes de base. Nous appellerons *sels neutres* ceux qui sont formés d'un atome de base uni à un atome d'acide, *sels acides* ceux qui renferment plus d'un atome d'acide pour un atome de base, et *sous-sels* ou *sels basiques* ceux qui contiennent plus d'un atome de base pour un atome d'acide.

Tous les sels sont solides et susceptibles de cristalliser; ils s'offrent à nous sous différentes couleurs, qui sont en général les mêmes pour les sels qui ont même base. Leur saveur est plus ou moins marquée, et dépend de leur solubilité; elle est nulle pour ceux qui sont insolubles. Les sels qui ont même base ont à peu près la même saveur, excepté ceux de potasse et de soude.

Beaucoup de sels contiennent de l'eau combinée; cette quantité d'eau pour un sel est toujours la même dans tous les cristaux de même forme. Les sels contiennent en outre de l'eau interposée entre les lamelles dont le cristal est formé; on s'en assure en voyant que le papier joseph est humecté par les cristaux pulvérisés. S'ils contiennent de l'eau combinée, ils la perdent au feu et deviennent opaques, ou bien ils se fondent dans leur eau de cristallisation, éprouvant ce qu'on appelle la *fusion aqueuse*. Toutes les fois qu'on met dans l'eau un sel quelconque soluble, le passage de l'état solide à l'état liquide nécessitera une absorption de chaleur, et il s'ensuivra un abaissement de température; mais si le sel est desséché, et qu'à l'état de cristal il doive contenir de l'eau combinée, son union avec l'eau produira de la chaleur. Suivant donc que l'une des causes l'emportera sur l'autre, la dissolution d'un sel produira un abaissement ou un exhaussement de température. On a tiré parti de cette observation pour produire des froids artificiels; c'est ainsi qu'une partie de nitrate ammoniaque et une partie d'eau abaissent la température de $+10°$ à $-15°\frac{1}{2}$; qu'une partie de neige et une partie de sel marin la font descendre de $0°$ à $-17°\frac{1}{4}$; que trois parties de chlorure de calcium et deux parties de neige la portent de $0°$ à $-27°\frac{3}{4}$.

Les sels qui ont éprouvé la fusion aqueuse et perdu ensuite leur eau de cristallisation éprouvent quelquefois une seconde fusion qu'on appelle *fusion ignée*, pourvu que la température soit assez élevée sans qu'elle suffise pour décomposer le sel. Cela arrive ordinairement lorsque l'acide et l'oxide sont très-fusibles.

La pile de Volta décompose les sels; l'acide se porte vers le pôle positif et la base vers le pôle négatif; même, si la pile est assez forte, la base est décomposée, et le métal reste seul au pôle positif; enfin une pile plus forte pourra parvenir à décomposer l'acide lui-même.

Préparation. On peut préparer les sels, 1° en traitant directement les bases par les acides; 2° en traitant leur carbonate par un acide : l'acide carbonique est ordinairement chassé avec effervescence; 3° en prenant deux sels solubles, qui par leur réaction puissent donner lieu à un sel insoluble qu'on veut obtenir; 4° en traitant les métaux eux-mêmes par les acides.

HYDRATES.

32. L'eau forme avec les oxides de véritables combinaisons qu'on appelle des *hydrates*. Ces sels sont tous solides, blancs lorsqu'ils proviennent d'oxides blancs, ou même de certains oxides colorés; en général ils sont d'une couleur différente de celle de leurs oxides. Ils sont tous décomposables par la chaleur, excepté ceux de potasse et de soude; quelques-uns le sont même à une température très-basse. Sous l'influence de la pile, ils se comportent comme les oxides. Ils sont décomposables par les corps qui peuvent décomposer l'eau. Ceux qui proviennent d'oxides basiques ou indifférens le sont aussi par les acides, qui s'emparent de leur base et mettent l'eau en liberté. Les hydrates les plus stables sont ceux qui contiennent un atome d'oxide et deux atomes d'eau.

CARACTÈRES GÉNÉRAUX DES SELS.

33. L'oxigène de la base est à celui de l'acide comme 1 : 7 dans les perchlorates;—comme 1 : 5 dans les chlorates, les brômates, les iodates, les nitrates et les hyposulfates; — comme 1 : 3 dans les sulfates, les séléniates, les chlorites, les iodites, les hyponitrites, les borates et les silicates; — comme 1 : 2,5 dans les phosphates et les arséniates; —comme 1 : 2 dans les sulfites, les sélénites et les carbonates; — comme 1 : 2,5 dans les phosphites et les arsénites.

34. *Chlorates.* Leur base renferme un atome de métal et un atome d'oxigène; leur acide deux atomes de chlore et cinq d'oxigène. Ils sont tous décomposables par le feu, et peuvent servir à oxider tous les métaux, excepté ceux de la dernière section. Il en est plusieurs dont le mélange avec un corps combustible détonne par le choc. Tous les chlorates sont solubles dans l'eau, excepté le chlorate de protoxide de mercure. Les acides forts

les décomposent. On les obtient, soit en combinant directement l'acide chlorique aux bases, soit en faisant passer un grand excès de chlore à travers leurs bases dissoutes ou délayées dans l'eau.

Les *perchlorates* n'ont pas été étudiés, excepté le perchlorate de potasse, qu'une chaleur de 200° décompose en oxigène et chlorure de potassium.

Chlorites. Ces sels sont toujours unis à des chlorures, et le mélange contient au moins trois atomes de chlorure pour un atome de chlorite. La chaleur les décompose; l'oxigène se dégage en partie, et il reste du chlorate uni à un chlorure. Neutres, les chlorites sont sans action sur les couleurs végétales; mais il n'en est pas de même quand ils sont acides : alors ils les détruisent rapidement. Les acides versés sur un mélange de chlorite et de chlorure forcent l'acide chloreux à céder son oxigène au métal, et le chlore est mis en liberté; l'acide carbonique même paraît produire cet effet.

Les brômates et iodates ont des propriétés semblables à celles des chlorates; les iodites sont encore moins stables que les chlorites, auxquels ils ressemblent par leur composition.

35. *Sulfates.* Dans les sulfates neutres la base renferme un atome de métal et un atome d'oxigène, l'acide contient un atome de soufre et trois atomes d'oxigène; il existe en outre des bisulfates et des sulfates, dans lesquels un atome d'acide est uni à $1\frac{1}{2}$, 3, 6 et même 12 atomes de base.

La chaleur décompose tous les sulfates, excepté le sulfate de magnésie et ceux de la première section; le carbone, à l'aide de la chaleur, les décompose tous. L'action du chlore et de l'iode doit être la même que celle de ces corps sur les bases libres des divers sulfates; l'azote n'en altère aucun. Tous sont insolubles dans l'alcool; ceux qui sont insolubles dans l'eau sont les sulfates de baryte, d'étain, d'antimoine, de bismuth, de plomb et de mercure. Parmi ceux qui sont très-peu solubles, nous citerons les sulfates de chaux et d'argent. A la température ordinaire, aucun acide n'agit sur les sulfates, excepté l'acide hydrosulfurique et l'acide hydrosélénique. L'acide silicique chasse aussi l'acide sulfurique de ses combinaisons, mais en le décomposant.

36. *Nitrates.* La chaleur peut décomposer tous les nitrates; l'hydrogène les décompose tous à une température peu élevée. Il en est de même du charbon; mais il faut une chaleur plus forte. Il en est de même du soufre; mais le chlore, l'iode et l'azote sont sans action. Tous les métaux qui s'oxident par le contact de l'oxigène, à une température élevée, décomposent les nitrates. Ils se dissolvent tous dans l'eau; enfin ils sont décomposés par les acides sulfurique, phosphorique, hydrochlorique et hydrofluorique.

Les nitrates de chaux, de potasse, de soude et de magnésie se trouvent dans la nature. ·

Préparation. Le nitrate de potasse s'extrait des

5.

platras, en décomposant les nitrates de chaux et
de magnésie par le carbonate de potasse; les autres
s'obtiennent par l'action de l'acide nitrique sur
les métaux, sur les sulfures, sur les oxides ou les
carbonates.

37. *Phosphates.* La chaleur n'altère pas les
phosphates des quatre premières sections, mais
elle détruit ceux des deux dernières. Ils sont décomposables par tous les corps combustibles simples non métalliques; ils passent à l'état de phosphates acides par l'action de tous les acides un
peu forts. Les phosphates bouillis ou rougis au
feu, quoique non décomposés, acquièrent des propriétés nouvelles.

38. *Borates.* Ces sels n'éprouvent aucune altération par le feu, à moins que l'oxide ne soit réductible par la chaleur : en général, ils fondent
et se vitrifient par le refroidissement. Les corps
combustibles ne décomposent les borates qu'autant qu'ils ont une grande tendance à s'unir au
métal de la base. Tous les acides les décomposent
à une température au plus égale à celle de l'ébullition, excepté les acides faibles, tels que l'acide
carbonique, l'acide hydrosulfurique, etc. C'est au
moyen du borate de soude, qui se trouve dans la
nature, qu'on se procure tous les autres borates.

39. *Carbonates.* Dans ces sels, l'acide contient
deux fois autant d'oxigène que la base; il existe
de plus des sels dans lesquels un atome de base

èst uni à 1 ½ ou à deux atomes d'acide carbonique,
et d'autres qui renferment 1 ½ ou deux atomes
de base pour un atome d'acide.

Le feu décompose tous les carbonates, excepté
ceux de potasse, de soude et de baryte; ces derniers sont décomposés par la chaleur unie à la
vapeur d'eau. L'eau ne dissout que quatre carbonates neutres; ce sont ceux de potasse, de
soude, d'ammoniaque et de lithine; mais elle dissout plusieurs carbonates acides. Tous sont décomposés à la température ordinaire par les acides même les plus faibles; l'acide carbonique
se dégage avec une effervescence plus ou moins
vive.

On trouve douze carbonates dans la nature;
celui qui y est en plus grande quantité, est le carbonate de chaux qui constitue les marbres, la
craie, le calcaire compacte, l'albâtre, etc.

40. *Silicates.* Exposés au feu, tous fondent, ou
s'agglutinent sans entrer en fusion; leur fusibilité
parait dépendre principalement de celle de la
base. Tous sont insolubles, à l'exception des silicates de potasse et de soude, ou des sels composés dont ils font partie.

Les silicates solubles sont décomposés à froid
par tous les acides, et même par l'acide carbonique; la silice se dépose en gelée transparente.
Ceux qui sont insolubles sont attaqués par les
acides forts et concentrés. La potasse et la soude,
et les carbonates de ces bases, décomposent les

silicates insolubles, et produisent des silicates de potasse et de soude.

Les silicates naturels forment plus de la moitié des minéraux connus.

CHAPITRE IV.

MÉTAUX DES DEUX PREMIÈRES SECTIONS.

POTASSIUM.

41. Ce métal est mou et ductile à la température ordinaire; il a un vif éclat métallique semblable à celui de l'argent ; sa densité est 0,365; il
entre en fusion à 58°, et se réduit, au rouge naissant, en vapeurs d'une belle couleur verte. Dans
l'oxigène, il absorbe ce gaz et donne lieu à un
peroxide d'une couleur jaune verdâtre, dont l'a-
tome, formé d'un atome de potassium et de trois
atomes d'oxigène, pèse 787,915.

Protoxide de potassium. On l'obtient en chauffant dans une cloche remplie d'azote, deux
atomes de potassium et un atome de peroxide. Il
est blanc, très-caustique, plus pesant que l'eau,
déliquescent et par conséquent très-soluble. Son
atome contient un atome de potassium et un
atome d'oxigène, et pèse 587,915.

Hydrate de protoxide de potassium. Cette
substance est connue dans les arts sous les noms
de *potasse, pierre à cautère, alcali végétal.*
L'hydrate de potasse est solide, blanc, très-caus-

tique, fortement alcalin, fusible bien au-dessous de la température rouge. Il attire fortement l'humidité de l'air ; aussi est-il extrêmement soluble dans l'eau. Il absorbe aussi l'acide carbonique de l'air ; c'est pour cela qu'on le conserve dans des flacons bien secs, soigneusement fermés.

Préparation. Pour obtenir l'hydrate de potasse pur, on projette par cuillerées, dans une bassine de fonte rougie, un mélange intime d'une partie de bi-tartrate de potasse et de deux parties de nitrate de potasse. Ces deux sels se décomposent mutuellement, et il ne reste dans la bassine que du carbonate de potasse. On lui enlève l'acide carbonique en le faisant bouillir dans sept ou huit parties d'eau avec la moitié de son poids de chaux vive, réduite en bouillie fine. Il se forme du carbonate de chaux qui se précipite ; on filtre la liqueur, on la concentre par la chaleur jusqu'à ce qu'elle soit à consistance sirupeuse : alors on la laisse refroidir jusqu'à 50° ou 60°, et on verse sur elle trois ou quatre fois son poids d'alcool. Le mélange est mis dans des flacons de verre longs et étroits, on l'agite à plusieurs reprises, et on l'abandonne jusqu'au lendemain. On trouve alors que le liquide s'est partagé en deux couches ; la plus élevée contient la potasse dissoute dans l'alcool, la plus basse est une dissolution aqueuse des sels que contenait la matière calcinée. Au moyen d'un siphon, on retire la partie supérieure qu'on distille dans une cornue de verre jusqu'à ce qu'on en ait retiré les trois quarts de l'alcool employé; on concentre le reste dans une bassine d'argent jusqu'à ce que la matière presque rouge soit en fusion tranquille. On la coule alors sur une bassine de cuivre étamé, bien propre et bien sèche; elle se fige et forme des plaques d'une ligne environ d'épaisseur; on les coupe en morceaux et on les enferme encore chaudes dans des flacons de verre, bouchés à l'émeri ou goudronnés, pour empêcher le contact de l'air.

Lorsqu'on se contente de concentrer la dissolution de potasse avant d'employer l'alcool, l'hydrate qu'on obtient est moins pur et porte le nom de *potasse à la chaux ;* c'est dans cet état qu'on l'emploie en médecine.

Chlorure de potassium. Blanc, d'une saveur piquante, mais un peu amère; il cristallise en cube, refroidit l'eau en s'y dissolvant; son atome est composé d'un atome de potassium et de deux atomes de chlore, et pèse 930,555. On l'appelle en médecine *sel digestif de Sylvius;* les salpêtriers en font usage.

Le brômure et l'iodure de potassium se forment en combinant directement le potassium avec le brôme et l'iode; on les emploie dans le traitement des maladies scrofuleuses; leur composition est analogue à celle du chlorure de potassium.

Fluorure de potassium. Il s'obtient en saturant l'acide hydrofluorique par le carbonate de potasse.

On peut l'employer pour la gravure sur verre. Son atome se compose d'un atome de potassium et de deux atomes de fluor, et pèse 731,71.

Sulfure de potassium. Il s'obtient en faisant passer un courant d'hydrogène sur le sulfate de potasse chauffé au rouge. Le bisulfure est formé en fondant le carbonate de potasse avec la moitié de son poids de soufre; pour avoir le quintisulfure, il faut soumettre à une fusion prolongée une partie de carbonate de potasse et 1 ¼ partie de soufre.

Pyrophore. On appelle ainsi une substance capable de brûler au contact de l'air. On obtient un très-bon pyrophore en calcinant ensemble un mélange d'alun (sulfate d'alumine et de potasse) et de noir de fumée : il paraît que la propriété de brûler à l'air est due à la combustibilité du sulfure de potasse, augmentée par son état de grande divisibilité, et à la condensation que font éprouver à l'air l'alumine et le charbon.

SELS DE POTASSE.

42. Ils sont généralement très-solubles, mais moins que les sels d'ammoniaque; beaucoup d'entre eux deviennent humides à l'air; ils résistent mieux à la chaleur que les autres sels. On les reconnaît en versant dans leur dissolution concentrée une dissolution concentrée aussi d'acide tartrique; il se dépose de petits cristaux de tartrate acide de potasse.

Chlorate de potasse. Il cristallise en lames blanches nacrées, ne s'altère pas à l'air, est beaucoup plus soluble à chaud qu'à froid. Chauffé, il entre bientôt en fusion et abandonne tout son oxigène, il reste du chlorure de potassium. Un mélange de soufre et de chlorate de potasse mis en contact avec de l'acide sulfurique, produit une vive combustion due à la décomposition subite de l'acide chlorique; de là vient l'usage de ce sel pour former les *briquets* dits *oxigénés.*

On le prépare en faisant passer un excès de chlore à travers une dissolution concentrée de potasse caustique à la chaux. Il se dépose aussitôt sous forme d'écailles brillantes qu'on lave avec un peu d'eau froide.

Chlorite de potasse. C'est le sel qu'on appelle *eau de javelle;* on l'obtient en faisant passer un courant de chlore à travers une dissolution de potasse ordinaire.

Sulfate de potasse. On l'obtient en saturant le carbonate de potasse par l'acide sulfurique faible; on l'emploie pour faire l'alun et pour convertir le nitrate de chaux en nitrate de potasse.

Nitrate de potasse. Connu sous le nom de *nitre* ou de *salpêtre*, ce sel est blanc, d'une saveur fraîche et piquante, mais un peu amère. L'eau à 0° n'en dissout que 0,15 de son poids; à 100° elle en dissout 2,46; il ne contient pas d'eau de cristallisation, fond vers 350°; à la chaleur rouge, il abandonne une partie de son oxigène, et se décompose entièrement à une température encore plus élevée. Projeté sur les charbons ardens, il en augmente beaucoup la combustion. On s'en sert pour la fabrication de la poudre, pour celle de l'acide sulfurique, et enfin pour se procurer le carbonate de potasse pur.

Dans l'Inde, la Perse, l'Egypte et l'Espagne, on trouve le nitre accumulé sous forme solide, dans les couches superficielles du sol; il se trouve en France dans les débris des vieux bâtimens sur les murs des lieux inhabités, ou qui abondent en matières animales. On purifie le salpètre en réduisant en poudre grossière les terres ou plâtres et les lavant avec de l'eau. Ces eaux s'emparent de tous les sels solubles, et principalement des nitrates de chaux et de magnésie que contiennent les substances sur lesquelles on opère. On verse du carbonate de potasse sur ces eaux jusqu'à ce qu'il ne se forme plus de précipité. On laisse la liqueur s'éclaircir, on décante et on concentre par l'ébullition en ayant soin d'enlever les écumes et le précipité; on arrête l'ébullition lorsque l'aréomètre marque 15°. On fait cristalliser et on purifie les cristaux par des dissolutions et des cristallisations successives.

Poudre. C'est un mélange intime de nitre pur, de soufre sublimé et de charbon. On préfère ordinairement les charbons des bois légers, tels que ceux de bourdaine, de tilleul ou de peuplier. Ces substances sont réduites en poudre très-fine et battues ensemble pendant long-temps, en ayant soin de les humecter pour éviter les explosions. On fait ensuite passer le mélange à travers des tamis, opération qu'on appelle *grenage;* enfin, on fait sécher la poudre. Les proportions dans lesquelles les trois corps sont employés dépendent de l'usage auquel on destine la poudre. Voici les proportions ordinaires :

	De guerre.	De chasse.	De mine.
Salpêtre.	0,750.	0,78.	0,65
Charbon.	0,125.	0,12.	0,15
Soufre.	0,125.	010.	0,20

La détonation de la poudre est due à la formation subite de plusieurs gaz, qui sont : l'azote, l'acide carbonique et un peu d'acide hydrosulfurique.

Carbonate de potasse. Nous avons déjà dit, en parlant de l'hydrate de potasse, comment on se procure le carbonate pur ; il nous reste à parler du carbonate de potasse du commerce. On l'extrait des cendres des végétaux ; on soumet ces cendres à trois lavages ; les eaux des lessives sont passées sur de nouvelles cendres jusqu'à ce qu'elles marquent 15° à l'aréomètre. On les fait évaporer à siccité dans des bassines de fonte. Le résidu s'appelle *salin.* Il est calciné dans un four à réverbère chauffé au rouge. On obtient aussi de la potasse en calcinant des pains formés de lie de vin.

SODIUM.

43. Solide, mou et ductile à la température
ordinaire, plus brillant que le plomb; sa densité
est 0,972. Il fond à 90°, et se volatilise au-dessus du
rouge naissant. Mis en contact avec l'eau, il la
décompose à l'instant; il se dégage de l'hydrogène, et il se produit beaucoup de chaleur.

Le protoxide et *l'hydrate de protoxide de sodium* s'obtiennent comme le protoxide et l'hydrate de protoxide de potassium, et jouissent des
mêmes propriétés.

Chlorure de sodium, sel marin. Il cristallise en
cubes, décrépite au feu, fond au-dessus de la chaleur rouge, et s'évapore en fumées blanches sans
être décomposé. Sa saveur est franche, sa densité 2,125; l'eau en dissout environ le tiers de son
poids, tant à chaud qu'à froid. Son atome est
composé d'un atome de sodium et de deux atomes
de chlore, et pèse 733,56.

Le sel marin se trouve en couches immenses
dans le sein de la terre, et forme les deux centièmes du poids de l'eau de la mer; il existe aussi
dans un grand nombre de sources. Celui qui provient des mines, et qu'on appelle sel gemme, est
quelquefois assez pur pour être livré immédiatement au commerce; d'autres fois on est obligé
de le dissoudre, de le concentrer par la chaleur
pour en séparer les matières étrangères, et enfin
de faire évaporer l'eau jusqu'à siccité.

L'eau des sources salées monte, par le moyen des pompes, au-dessus d'un bâtiment où elle est conduite par des rigoles, et tombe soit sur des tas de fagots, soit le long de cordes, et offre ainsi une grande surface à l'air. Il suit de là, que la dissolution se concentre, et que les sels étrangers que la source contient s'attachent au bois des fagots ou le long des cordes. On achève l'évaporation dans de larges et peu profondes chaudières en fonte, en ayant soin de rejeter un dépôt qui se forme d'abord, et les écumes qui paraissent lorsque l'eau a bouilli quelque temps.

Dans le midi et à l'ouest de la France, on amène l'eau de la mer dans des réservoirs très-étendus, mais très-peu profonds, où l'eau s'évapore à l'air libre; le sel qui se dépose est ramené sur les bords; on le laisse à l'air pour que les sels déliquescens qui accompagnent le sel marin puissent attirer l'humidité de l'air et s'écouler. Dans les pays froids on fait geler l'eau de la mer, et la glace formée ne contient presque pas de sel; on concentre ensuite par le feu l'eau qui accompagnait les glaçons.

SELS DE SOUDE.

44. Ils sont généralement plus solubles que les sels de potasse; ils contiennent presque tous de l'eau de cristallisation, et quelques-uns en grande quantité; aussi peuvent-ils éprouver la fusion aqueuse. Quand la chaleur ne décompose pas ces sels, ils éprouvent tous la fusion ignée. On les re

connaît à ce que l'acide tartrique, le sulfate d'alumine et le chlorure de platine sont sans action sur eux.

Le *chlorate de soude* est sans usage.

Le *chlorite* s'obtient en faisant passer un courant de chlore à travers une dissolution de carbonate de soude. Il est employé comme désinfectant, comme médicament, et sert à blanchir. Il est connu sous le nom de *liqueur de Labaraque.*

Sulfate de soude, sel de Glauber. Sans couleur, d'une saveur amère, fusible à la chaleur rouge, plus soluble à 33° qu'à toute autre température. On le prépare en décomposant le sel marin par l'acide sulfurique.

Borate de soude, Borax. Ce sel verdit le sirop de violettes et a une faible saveur alcaline; il se dissout dans le double de son poids d'eau bouillante, mais il faut beaucoup plus d'eau froide; ses cristaux ont la forme d'un prisme hexaèdre comprimé, terminé par une pyramide trièdre. Sa densité est 1,705. Il s'effleurit à l'air; soumis à l'action du feu, il fond dans son eau de cristallisation et se boursouffle; ensuite il se dessèche complètement, éprouve la fusion ignée et produit un verre limpide, dont la densité est 2,361.

Il facilite la fusion de la plupart des oxides et les vitrifie; il est coloré alors en violet par l'oxide de manganèse; en vert de bouteille par l'oxide de de fer; en vert émeraude par l'oxide de chrôme; en bleu violet, par l'oxide de cobalt; en vert clair par l'oxide de cuivre. Les oxides blancs ne le colorent pas. Son atome pèse 2387,68, et contient un atome de soude, deux atomes d'acide et vingt atomes d'eau.

On le tire de plusieurs lacs de l'Inde; mais il a besoin d'être purifié. Pour cela, on le pulvérise, on le lave avec une lessive de soude; ensuite on le dissout dans l'eau bouillante, et on verse dans la dissolution 12 pour 100 de carbonate de soude; on filtre et concentre la liqueur jusqu'à 18 ou 20° de l'aréomètre, et on la fait cristalliser. Maintenant on le fabrique en France en décomposant le carbonate de soude par l'acide borique de Toscane.

Carbonate de soude. Acre, légèrement caustique, très-soluble dans l'eau, ce sel cristallise en prismes rhomboïdaux, s'effleurit à l'air, éprouve la fusion ignée, et n'est pas décomposé par la chaleur. Son atome contient un atome de soude, deux atomes d'acide et vingt atomes d'eau. On se le procure, pour le commerce, en lavant les cendres des plantes qui croissent sur le bord de la mer, et particulièrement la *barille*, la *salicornia annua*, le *salsola tragus*, et les *fucus* qui croissent sur les bords de l'Océan. On l'obtient maintenant en quantités énormes, à Marseille, en calcinant ensemble 1000 parties de sulfate de soude sec, 1000 parties de craie (carbonate de chaux) et 550 de charbon. Il en résulte 900 parties de carbonate de soude cristallisé.

Le *lithium*, le *barium*, le *strontium* et leurs

composés ne présentent aucune utilité; nous ne nous en occuperons pas.

CALCIUM.

45. On ne peut obtenir ce métal parfaitement pur; il est solide, d'un blanc d'argent, absorbe de l'oxigène de l'air et produit de la chaux.

Protoxide de calcium, chaux. Lorsqu'elle est pure, elle est blanche, caustique, verdit le sirop de violettes et détruit le tissu des substances animales. Sa densité est 2, 3; elle est infusible. Son atome, formé d'un atome de calcium et d'un atome d'oxigène, pèse 356,03.

La chaux pure absorbe l'eau avec un grand dégagement de chaleur, et se réduit en poudre fine. Il se produit un hydrate de chaux qui contient un atome de chaux et deux atomes d'eau.

La chaux est très-peu soluble dans l'eau à 15°, elle l'est encore moins dans l'eau bouillante. Cette dissolution est employée dans les tanneries pour faire gonfler les peaux.

La chaux est extraite de pierres contenant au moins moitié de leur poids de carbonate de chaux; on les calcine pour en chasser l'acide carbonique, et après cette calcination, elles doivent avoir la propriété d'absorber l'eau et de se solidifier après quelque temps d'exposition à l'air ou sous l'eau. On donne le nom de *chaux hydrauliques* à celles qui ont la propriété de durcir dans l'eau; cette propriété est due à l'union avec la chaux d'une certaine quantité d'argile. Les meilleurs chaux hydrauliques contiennent de 20 à 30 pour cent d'argile.

Pour employer la chaux dans les constructions, on la mélange avec un sable quartzeux grossier, ce qui forme un *mortier*. On peut unir à une partie de chaux depuis une jusqu'à quatre ou cinq parties de sable.

Sulfate de chaux hydraté, plâtre. Ce sel, dont l'atome est composé d'un atome de chaux, d'un atome d'acide sulfurique et de quatre atomes d'eau, se trouve en abondance dans la nature. Pour l'employer dans les constructions, on le calcine assez pour lui enlever son eau de cristallisation, sans lui faire éprouver la fusion ignée; on le réduit en poudre et on le gâche avec une quantité d'eau suffisante pour le mettre en bouillie; il doit être employé immédiatement. Les mouleurs emploient du plâtre assez pur; mais celui qu'emploient les maçons contient 12 à 13 pour cent de carbonate de chaux.

Carbonate de chaux. Son atome pèse 631,35; il est composé d'un atome de chaux et d'un atome d'acide carbonique. On le trouve dans la nature en très-beaux cristaux de différentes formes, mais qui ont tous une densité de 2, 7. Exposé à l'action d'une forte chaleur, il laisse dégager l'acide carbonique, et donne de la chaux pour résidu. Il constitue la pierre à chaux, les différens marbres, la craie, l'albâtre, etc.

6

Le *magnésium*, l'*ittrium* et leurs composés sont
sans usages importans.

ALUMINIUM.

46. L'aluminium s'obtient en décomposant le
chlorure d'aluminium par le potassium; on ne
peut obtenir que des quantités extrêmement petites de ce métal; encore est-il sous la forme de
poudre. En le chauffant à l'air, il s'empare de son
oxigène, et brûle avec éclat; il se change ainsi
en alumine.

Protoxide d'aluminium, alumine. L'alumine
est blanche, douce au toucher; sa saveur est nulle;
elle happe à la langue; pure, elle est sans odeur;
sa densité est 4,00. Elle se contracte par la chaleur, mais elle ne peut être fondue. On la trouve
dans la nature sous la forme de rubis, de topaze
orientale, de saphir oriental, d'améthyste orientale. Dans l'émeri ordinaire elle est mêlée avec
l'oxide de fer. On l'obtient en versant dans une
dissolution d'alun de l'ammoniaque liquide. Son
atome pèse 643,33 et renferme deux atomes d'aluminium et trois atomes d'oxigène.

Les sels d'alumine ont une saveur aigrelette,
astringente et douceâtre. On les reconnaît à ce
que, calcinés au chalumeau avec un peu de nitrate
de cobalt, ils prennent une belle couleur bleue
d'azur.

Sulfate d'alumine. On se le procure en traitant
l'alumine en gelée par l'acide sulfurique étendu

de deux fois son poids d'eau, et chauffant le mélange. Il est composé d'un atome d'alumine, de trois atomes d'acide et de vingt-quatre atomes d'eau.

Lapis lazzuli. C'est un minéral d'une couleur bleue plus ou moins foncée, duquel on tirait autrefois la belle couleur bleue qu'on appelle outremer. Cette couleur, analysée par M. Clément, s'est trouvée contenir, sur 100 parties, 35,8 de silice, 34,8 d'alumine, 23,2 de soude, 3,1 de soufre et 3,1 de carbonate de chaux. M. Guimet a trouvé dernièrement le moyen de le fabriquer artificiellement, mais son procédé est resté secret.

Alun. Ce nom est donné au sulfate d'alumine et de potasse et au sulfate d'alumine et d'ammoniaque. L'alun de potasse est incolore, il a une saveur astringente, rougit la teinture de tournesol; sa pesanteur spécifique est 1,71. Il cristallise en octaèdres réguliers transparens, l'eau en dissout un quinzième de son poids à la température ordinaire, et les trois quarts à celle de l'ébullition. Il éprouve les deux fusions à la chaleur rouge; le sulfate d'alumine seul est décomposé, et l'alumine reste mêlée au sulfate de potasse; enfin à la chaleur blanche, ce dernier perd son acide sulfurique. Son atome pèse 5938,39 et contient un atome de sulfate de potasse, un atome de sulfate d'alumine et quarante-huit atomes d'eau.

On fabrique à Rome un alun qui paraît contenir un léger excès d'alumine, et qui cristallise en cubes opaques, tant que la température de la dissolution ne dépasse pas 43°.

L'alun ammoniacal ressemble à l'alun de potasse; mais calciné fortement, il donne pour résidu de l'alumine seulement.

Les aluns sont employés dans la teinture; mais il est essentiel qu'ils renferment le moins possible de sulfate de fer. L'alun de Rome, qui n'en contient que 1,2200 de son poids, est le plus estimé.

Nous ne parlerons ni du *glucinium*, ni du *zirconium* et de leurs composés qui sont sans usages.

Préparation de l'alun. On calcine de l'argile, privée de fer autant que possible, jusqu'à ce qu'elle se réduise aisément en poudre. Cette poudre est passée à travers un tamis en toile métallique et arrosée avec moitié de son poids d'acide sulfurique à 45° de l'aréomètre. Ce mélange est chauffé pendant quelques jours à 45°, puis abandonné à lui-même pendant plusieurs mois, et enfin lavé pour en extraire le sulfate d'alumine. On laisse déposer les eaux de lavage, et on les porte par l'évaporation à 25° ou 40° de l'aréomètre de Baumé, suivant qu'on veut former de l'alun ammoniacal ou de l'alun de potasse; enfin on verse dans la dissolution du sulfate d'ammoniaque ou du sulfate de potasse.

Quand on peut se procurer des schistes alumineux mêlés de sulfure de fer, on les calcine à l'air, en brûlant des couches de fagots et de schistes superposées. On soumet le schiste grillé à trois ou quatre lavages ; les eaux de lavage sont ensuite évaporées jusqu'à 36° et abandonnées au repos pendant quelques heures. Il s'en précipite des sous-sels insolubles. En les concentrant de nouveau, et les laissant reposer, on obtient du sulfate de fer cristallisé. On concentre de nouveau les eaux-mères, et on les fait cristalliser, en renouvelant cette opération jusqu'à ce qu'on n'obtienne plus de sulfate de fer. Les eaux-mères sont alors traitées soit par le sulfate d'ammoniaque, soit par le sulfate de potasse, pour les transformer en alun.

L'alun de Rome s'extrait de l'alunite, minéral qu'on trouve à la Tolfa, et qui contient, outre de l'alun, un peu de silice et d'oxide de fer, et de l'alumine en excès. Ce minéral, mis en menus morceaux, est calciné dans des fours à réverbère; ensuite étendu sur une aire battue et entourée d'une rigole qui communique avec un réservoir. Les couches d'alunite sont de temps en temps arrosées d'eau, et se réduisent en pâte qu'on soumet au lessivage. Les eaux de lavage, après avoir déposé, sont concentrées et donnent de l'alun cubique.

VERRE.

47. Le verre est un véritable silicate à base de potasse, de soude, de chaux, d'oxide de fer, d'alu-

mine ou d'oxide de plomb. On peut y remplacer l'une de ces bases par l'autre et la silice elle-même par l'acide borique.

Verre soluble. C'est un silicate simple à base de potasse ou de soude; il se dissout très-bien dans l'eau bouillante, quoiqu'il soit très-peu soluble dans l'eau froide; on l'applique sur les bois et les tissus qu'on veut rendre incombustibles; il est composé de sept atomes de silice et d'un atome de potasse ou de soude. On l'obtient en fondant ensemble 45 livres de sable, 30 livres de potasse et 3 livres de charbon en poudre. Lorsqu'on remplace la potasse par la soude, il faut deux parties de soude pour une partie de sable.

Verre de Bohême, crown-class. Ce verre, tout-à-fait incolore, se forme avec 100 parties de sable siliceux lavé à l'acide hydrochlorique, 60 de carbonate de potasse purifié et 16 de carbonate de chaux bien blanc. Ces matières sont pulvérisées, mêlées avec soin et fondues ensemble.

Verre à vitres. Il est composé de 100 parties de sable, 44 de sulfate de soude sec, 8,5 de charbon en poudre, 6 de chaux éteinte, 20 à 100 de rognures.

Verre à glaces. Sable très-blanc, 300 parties; carbonate de soude sec, 100; chaux éteinte à l'air, 43; calcin, 300.

Verre à bouteilles. Sable jaune, 100 parties; soude brute de varech, 200; cendres neuves, 60; calcin ou fragmens de bouteilles, 100.

Cristal. C'est un double silicate de potasse et de plomb. Il est composé de sable pur, 300 parties; minium, 200; carbonate de potasse purifié, 90 à 95°. Lorsque le fourneau ne tire pas bien, on peut ajouter un peu de carbonate de potasse et dix à douze parties de borax.

Flint-glass. C'est le verre employé, avec le *crown-glass,* pour les instrumens d'optique. Sa préparation n'est pas bien connue, on croit qu'on peut réussir en mélangeant les substances dans les proportions suivantes : sable pur, 300; minium, 300; potasse, 150; nitre, 10; acide arsénieux ·; oxide de maganèse ½. Enfin il est bon de remplacer une certaine quantité de sable par l'acide borique.

PIERRES ARTIFICIELLES.

48. *Strass incolore.* Il se prépare avec la silice, la potasse, le borax et l'oxide de plomb. La silice doit être parfaitement pure; aussi emploie-t-on, soit du cristal de roche, soit du sable blanc lavé avec de l'acide hydrochlorique; on doit employer de la potasse à l'alcool, ou du nitrate de potasse bien pur. L'acide borique cristallisé est préférable au borax, et l'oxide de plomb doit être à l'état de minium. Les creusets de Hesse conviennent mieux que ceux de porcelaine pour y opérer la fusion de ces matières.

On parvient à faire de très-beau strass avec 300 parties de sable, 462 de minium, 168 de potasse à l'alcool, 18 de borax et ½ d'acide arsénieux.

Le strass incolore sert à faire les imitations de diamant et des différentes pierres précieuses.

Topaze. On fond ensemble 1000 parties de strass très-blanc, 40 de verre d'antimoine et une de pourpre de Cassius. Le feu doit être bien gradué et maintenu pendant vingt-quatre à trente heures.

Rubis. On colore 1000 parties de strass blanc par 25 parties d'oxide de manganèse.

Emeraude. Fondez ensemble 1000 parties de strass incolore avec 8 parties d'oxide de cuivre pur, et 0,2 d'oxide de chrôme.

Saphir. Colorez 1000 parties de strass blanc par 15 parties d'oxide de cobalt.

Améthyste. A 1000 parties de strass incolore joignez 8 parties d'oxide de manganèse, 5 d'oxide de cobalt et 0,2 de pourpre de Cassius.

Grenat syrien. On unit ensemble 1000 parties de strass incolore, 500 de verre d'antimoine, 4 de pourpre de Cassius, 4 d'oxide de manganèse.

ÉMAUX.

49. On donne le nom d'émail à une matière vitreuse dans laquelle on fait entrer de l'acide stannique. Pour l'obtenir, on fait un alliage de 15 parties d'étain et de 100 parties de plomb: cet alliage est chauffé au contact de l'air jusqu'à la chaleur rouge. Il s'oxide avec rapidité et forme du stannate de plomb. On prend 200 parties de ce stannate, 100 de sable siliceux et 80 de carbonate de

potasse; ce mélange, chauffé jusqu'à un commencement de fusion, forme une fritte qui est la base de tous les émaux. On convertit la fritte en émail en la fondant avec des quantités de peroxide de manganèse dont on détermine la dose par des essais en petit. On colore l'émail par les mêmes substances qui servent à colorer le verre, mais employées en plus grande quantité. On parvient aussi à se procurer de l'émail en fondant ensemble 300 parties de verre blanc, 100 de borax, 25 de nitre, 100 d'antimoine diaphorétique lavé.

POTERIES.

50. Nous comprenons sous cette dénomination tous les objets faits avec des argiles soumises à l'action du feu. L'argile dont on se sert doit être d'autant plus pure, que la poterie est plus fine. On purifie l'argile en la délayant dans l'eau et laissant la liqueur en repos pendant quelques instans, pour laisser déposer le gravier ou le sable qui s'y trouve mêlé. Cette opération est faite à plusieurs reprises. L'argile doit ensuite être gâchée et pétrie avec les substances qui doivent entrer dans la poterie, afin qu'elle devienne liante, sans pourtant qu'elle le soit trop. Cela fait, on place l'argile sur le tour, ou bien on la coule dans des moules, pour qu'elle prenne la forme voulue; et quand elle a séché à l'air, on la place dans un four, qu'on chauffe d'abord lentement pour que l'évaporation de l'eau ne soit pas trop prompte.

Porcelaine tendre. On la fabrique à Tournay au moyen d'un mélange d'argile, de craie et de soude; on recouvre ensuite la pâte avec un émail très-fusible.

Porcelaine dure. Les proportions employées à Sèvres pour cette espèce de porcelaine sont : kaolin lavé, 64 parties; craie de Bougival, 6; sable d'Aumont, 20; petit sable, 10. On fait subir à la pâte une première cuisson, à 60° de Wedgewood environ. On la recouvre ensuite avec un vernis tenu en suspension dans le vinaigre, et composé de roche felspathique broyée. On procède alors à une seconde cuisson, dans laquelle on porte la chaleur jusqu'à 134° du pyromètre. Le feu doit durer 36 heures. On laisse refroidir le four trois ou quatre jours avant de retirer la porcelaine.

Grès. Ce sont des poteries à pâte compacte, assez bien cuites pour n'être pas rayées par le fer, et pour faire feu au briquet. On emploie des argiles très-plastiques et très-fines, contenant beaucoup de sable fin et fort peu de chaux. Il faut un feu très-ardent et long-temps continué. Pour les vernir, on jette du sel marin dans le four, pendant qu'il est rouge de feu.

Faïence. La faïence fine est composée d'une argile plastique blanche et de silex broyé; on fait une première cuisson pour la pâte, et une seconde après l'application de la couverte. La chaleur, dans la seconde cuisson, est beaucoup moins élevée que dans la première. La couverte est un stannate de plomb.

Tuiles, carreaux et briques. Les tuiles et les carreaux se font avec toute espèce de terre argileuse. On les vernit quelquefois avec un mélange de litarge broyée, de manganèse et d'argile délayée dans l'eau. Les tuiles y sont plongées avant d'être portées au four. Les briques sont faites avec des argiles auxquelles on ajoute du sable, lorsqu'elles sont trop tenaces; elles sont cuites à des températures qui varient suivant l'usage auquel les briques sont destinées.

CHAPITRE V.

MÉTAUX DES QUATRE DERNIÈRES SECTIONS.

Les seuls métaux dont nous avons à nous occuper, les autres n'ayant aucune utilité, sont le manganèse, le fer, l'étain, le zinc, le cobalt, l'antimoine, le chrôme, le cuivre, le plomb, le bismuth, le mercure, l'argent, l'or et le platine.

MANGANÈSE.

51. Ce métal s'obtient en calcinant le carbonate de manganèse, et réduisant l'oxide par le charbon; mais il retient toujours une certaine quantité de carbone. Il est d'un blanc d'argent tirant sur le gris, son éclat métallique est faible, sa cassure d'un grain fin; sa pesanteur spécifique est 8,013. Il est presque infusible.

Oxides de manganèse. Le protoxide est vert olive; on l'obtient en faisant passer un courant d'hydrogène à travers le deutoxide ou le peroxide. Son atome contient un atome de manganèse et un atome d'oxigène; il pèse 455,7. Le deutoxide est rouge; son atome contient 3 atomes de manga-

nèse et 4 atomes d'oxigène. Le peroxide se trouve
en masse dans la nature. Il est décomposable par
la chaleur, qui le ramène à l'état de deutoxide; l'a-
cide hydrochlorique en chasse tout l'oxigène. Son
atome contient un atome de manganèse et 2 atomes d'oxigène. On l'emploie pour la fabrication du
chlore.

On reconnaît la présence du manganèse dans
une substance, lorsque, fondue avec le borax, elle
lui donne une couleur violette, et qu'au contraire
elle donne une couleur verte à la potasse caustique chauffée au rouge.

FER.

52. Ce métal s'obtient très-difficilement à l'état
de pureté; il contient ordinairement au moins un
demi-centième de carbone. Sa densité est d'environ 7,700. C'est le métal le plus magnétique à froid;
il perd cette qualité à la chaleur blanche. Il n'entre
en fusion qu'à la chaleur blanche, mais il peut se
souder à une température inférieure. C'est le métal qui a le plus de tenacité. La présence du soufre, du phosphore, ou d'une quantité trop forte de
carbone, rend le fer dur, aigre, cassant tantôt à
froid, tantôt à chaud. Ce métal ne se trouve qu'à
l'état de combinaison, excepté dans les pierres
météoriques, où il est allié à d'autres métaux.

Oxides de fer. Le protoxide de fer ne peut s'obtenir qu'à l'état d'hydrate; il forme la base des sels
verts de fer. Son atome, composé d'un atome de
fer et d'un atome d'oxigène, pèse 439,21. Le per-

7

oxide est rouge, et devient violet à la chaleur blanche. Il est formé de 2 atomes de fer et de 3 atomes d'oxigène. Chauffé, même au-dessous du rouge, il est réduit par un courant d'hydrogène; c'est le moyen le plus certain pour se procurer du fer pur. On le trouve en quantités considérables dans la nature, et quelquefois il est tout-à-fait pur.

L'hydrate de peroxide de fer s'obtient en décomposant les sels de peroxide au moyen des alcalis. Il est jaune brun plus ou moins foncé. C'est le minerai qu'on emploie de préférence en Allemagne et en France. Lorsqu'il est uni à de l'argile, il forme l'*ocre jaune;* quand il est uni à l'hydrate de manganèse, il constitue l'*ocre brunc*, ou terre d'ombre. L'*ocre rouge*, ou *sanguine*, contient du peroxide de fer uni à de l'argile ou à de la marne. On exploite en Suède, en Norwége et en Russie, un minerai auquel on donne le nom de *fer oxidulé*, formé à très-peu près de 3 atomes de fer et de 4 atomes d'oxigène; à peine contient-il 2 pour 100 de matières étrangères; il fournit du fer excellent.

Les pharmaciens préparent avec de la limaille de fer humectée et mise en pâte avec de l'eau, l'*éthiops martial,* substance dont on ne connaît pas encore bien la composition, mais qui est probablement un oxide de fer hydraté.

L'*hydrate de sulfure de fer,* lorsqu'il est en grande quantité, s'échauffe jusqu'à la chaleur rouge. C'est à la présence de ce sulfure qu'on attribue l'inflammation spontanée des houilles.

Le *bisulfure* existe en grande quantité dans la nature; on le désigne en minéralogie sous le nom de pyrite, pyrite martiale, fer sulfuré. Les pyrites renferment souvent de l'argent, du cuivre et du carbonate ou du phosphate de chaux.

Carbures de fer. Toutes les *fontes* renferment du carbone et même du silicium en quantités variables. On distingue la *fonte grise* de la *fonte blanche.* La première se laisse limer, couper au ciseau et forer assez facilement, tandis que la seconde résiste à la lime et au foret, et casse sous le marteau ou le ciseau. La fonte blanche est moins tenace que la fonte grise, mais elle résiste mieux à l'écrasement. La présence du soufre et celle du phosphore déterminent la formation de la fonte blanche.

L'*acier* est aussi un carbure de fer; il renferme au plus un centième de carbone. Il est plus dur que le fer; en le chauffant au rouge et le plongeant brusquement dans l'eau froide, il acquiert une grande dureté. La *trempe*, c'est ainsi qu'on nomme cette opération, rend l'acier plus dur, plus cassant et moins dense. Après avoir trempé l'acier, on est obligé de le *recuire*, ce qui se fait en le chauffant de nouveau; il prend alors successivement les couleurs suivantes : paille, jaune foncé, rouge, violet, bleu, gris, blanc. On dépasse rarement le bleu.

On distingue trois espèces d'acier : l'acier *naturel*, l'acier de *cémentation* et l'acier *fondu*. On obtient l'acier naturel en décarburant la fonte par le chauffage à l'air, ce qui donne l'acier *brut;* lorsqu'il a été forgé et étiré une première fois, il prend le nom d'acier *à deux marques;* s'il éprouve une seconde fois ce traitement, on l'appelle acier *à trois marques.* L'acier brut est employé pour les instrumens aratoires; l'acier à trois marques est très-bon pour fabriquer les ressorts et les armes blanches.

L'acier de cémentation se prépare en chauffant au rouge du fer en contact avec de la poussière de charbon; on le corroie avec soin, et on le cémente une seconde fois. Il est employé à la fabrication des limes, à celle des outils et des objets de quincaillerie.

L'acier fondu s'obtient en soumettant l'acier de cémentation à une fusion parfaite.

On appelle acier *damassé* celui qui laisse paraî-tre une sorte de moiré, quand on attaque sa su perficie avec un acide faible; il paraît que, pour damasser l'acier, il suffit de le laisser refroidir très-lentement après l'avoir fondu. On produit de très-bons aciers damassés en alliant l'acier avec $\frac{1}{500}$ d'argent ou avec $\frac{1}{100}$ de platine.

SELS DE FER.

53. Les sels de protoxide de fer ont une réaction acide; ils sont d'un vert bleuâtre, ont un goût d'a-bord doucereux, puis astringent. On les reconnaît à ce que le cyanure jaune de potassium et de fer y forme un précipité blanc verdâtre qui devient

bleu au contact de l'air, et que le cyanure rouge de potassium et de fer y produit immédiatement un précipité d'un bleu intense et pur.

Les sels de peroxide sont d'une couleur jaune rouge, ont un goût âpre, astringent et un peu sucré. Le cyanure jaune de potassium et de fer y forme un précipité d'une belle couleur bleu foncé ; le cyanure rouge en fonce la teinte sans y produire de précipité.

Sulfate de protoxide de fer. Ce sel est connu sous le nom de *couperose verte*, *vitriol de fer.* On l'obtient en mettant du fer en excès en contact avec de l'acide sulfurique faible. Il tombe en efflorescence dans un air sec. Soluble dans l'eau, il ne l'est pas dans l'alcool, qui le précipite de sa dissolution aqueuse. La chaleur le fait fondre dans son eau de cristallisation, et le change en sulfate anhydre. Son atome contient 1 atome de protoxide de fer, 1 atome d'acide sulfurique et 12 atomes d'eau. On le fabrique en grand au moyen de schistes pyriteux exposés à l'air et arrosés de temps en temps. La lessive est ensuite concentrée, et donne par la cristallisation du sulfate de fer. Le résidu des schistes est soumis au grillage et employé dans la fabrication de l'alun.

Carbonate de fer. En décomposant le sulfate de protoxide de fer par le carbonate de potasse, et abandonnant à l'air le précipité bien lavé, on obtient le carbonate de peroxide de fer. Le carbonate de protoxide se trouve en abondance dans

la nature. Sa forme primitive est un rhomboïde.
Exposé au feu en vase clos, il laisse dégager l'a-
cide carbonique; il reste un oxide noir de fer. A
l'air humide, il perd une grande partie de l'acide
carbonique, et absorbe de l'oxigène. Ce minerai
est ordinairement accompagné de magnésie, ce
qui le rend difficile à fondre, à moins qu'il ne
contienne en même temps du manganèse. Quelquefois le carbonate de fer accompagne les mines
de houille; les forges d'Angleterre sont presque
exclusivement alimentées par le fer carbonaté des
houillères; on en trouve aussi dans les houillères
de France.

54. *Traitement des minerais de fer.* Les minerais exploités sont : 1° le deutoxide de fer, ou fer
oxidulé, ou fer magnétique; 2° le peroxide de fer,
ou fer oligiste; 3° l'hydrate de protoxide de fer,
4° le carbonate de protoxide de fer. Quel que soit
le minerai employé, un grillage préalable ou une
longue exposition à l'air le ramènent toujours à
l'état de peroxide. Aussi distingue-t-on seulement
les mines terreuses et les mines en roche; les
premières sont seulement lavées et non grillées,
les autres sont toujours grillées et non lavées.

Le grillage des minerais est tout-à-fait analogue
à celui de la chaux; il peut se faire en tas, à l'air
libre, ou dans une enceinte de maçonnerie. Le
minerai est ensuite porté dans des fourneaux,
qui ont la forme de deux cônes tronqués ados-
sés base à base; leur hauteur est de 20 à 30

pieds; on les appelle *hauts-fourneaux*. On les remplit d'abord de charbon; lorsque les fourneaux sont très-chauds, on les entretient toujours pleins, en y versant alternativement une certaine quantité de minerai et de charbon. De forts soufflets font passer un très-grand courant d'air à travers la masse. La matière s'affaisse peu à peu, et dépose dans le creuset, qui est à la partie inférieure du fourneau, de la fonte liquide et du laitier, qui, plus fusible et moins pesant, vient recouvrir la fonte et l'empêche de s'oxider. Ce laitier s'écoule le long d'une plaque de fonte, nommée *dame*, par une ouverture située à la partie supérieure du creuset. Lorsque le creuset est à peu près plein de fonte, on débouche une ouverture qui se trouve à sa partie inférieure, et qui était fermée avec de l'argile. La fonte s'écoule dans une rigole creusée dans le sable, et y prend la forme d'un long prisme. Alors on bouche l'ouverture du creuset, on remet les soufflets en jeu, et huit ou neuf heures après on fait une nouvelle coulée. On continue ainsi jusqu'à ce que le fourneau ait besoin d'être réparé. Pour affiner la fonte, on la place dans une cavité carrée de 2 pieds de côté environ, et d'une profondeur à peu près égale à sa largeur; cette cavité est revêtue de plaques de fonte très-épaisses, dont l'une est percée d'une ouverture pour donner passage au laitier; cette cavité est surmontée d'une cheminée en hotte, ce qui donne à ce fourneau l'apparence d'une forge. La cavité est remplie de poussière de charbon battue ; on y creuse un espace pour y placer les morceaux de fonte, qu'on entoure de charbon de bois. On allume ce charbon, et on active la combustion au moyen de forts soufflets. Aussitôt que la fonte commence à entrer en fusion, un ouvrier écarte les scories qui se forment à la surface du bain, et remue sans cesse le bain pour brûler le carbone de la fonte. Le fer, devenu libre, est moins fusible, prend la forme de grumeaux, que l'ouvrier rassemble en une masse qu'on appelle *loupe* ou *renard*. Il la fait tomber sur le sol, la ramène sur une forte plaque de fonte, où plusieurs ouvriers viennent la frapper avec de forts marteaux, pour en faire suinter le laitier ; elle est ensuite exposée aux coups d'un énorme marteau, qu'on appelle *martinet*. On est obligé de rougir et de cingler la loupe à plusieurs reprises avant de lui donner la forme de barre, sous laquelle elle est livrée au commerce. Depuis quelques années, au lieu de passer la loupe sous le martinet, on la fait placer entre deux cylindres cannelés circulairement, dont les gorges se correspondent, de telle manière que le fer en sort sous la forme de barre.

Il est des minerais assez fusibles pour pouvoir être traités immédiatement dans les fourneaux d'affinage ; cette manière de traiter le fer, qu'on ne manque pas d'employer lorsque la nature du minerai le permet, s'appelle *méthode catalane.*

ÉTAIN.

55. L'étain est d'un blanc jaunâtre; il peut se réduire sous le marteau en lames très-minces; mais il ne passe pas bien à la filière; il est très-mou et nullement élastique. Sa densité est 7,291. Il fond à 228· environ, et, par le refroidissement, il cristallise en rhomboïdes. C'est la cristallisation de l'étain à la surface du fer-blanc qui produit ce qu'on nomme le *moiré métallique*. L'étain s'altère peu à l'air; mais, à l'aide de la chaleur, il s'oxide rapidement. Il ne décompose l'eau qu'à la chaleur rouge, et se convertit en peroxide.

Protoxide d'étain. C'est une poudre d'un gris plus ou moins foncé, insoluble et insipide. Chauffé à l'air, elle en absorbe l'oxigène et brûle comme l'amadou. On l'obtient en décomposant par une chaleur rouge l'hydrate de protoxide. Cet hydrate s'obtient en décomposant le protochlorure d'étain au moyen du carbonate de potasse.

Deutoxide d'étain. On l'obtient en calcinant l'étain au contact de l'air. Il joue souvent le rôle d'acide. Son atome contient 1 atome d'étain et 2 atomes d'oxigène, et pèse 935,29. Le protoxide ne contient qu'un seul atome d'oxigène.

Protochlorure d'étain. L'étain décompose l'acide hydrochlorique bouillant; il se forme du protochlorure d'étain, et il se dégage de l'hydrogène. Cette substance cristallise en belles aiguilles, qui contiennent de l'eau de cristallisation.

Chauffées en vase clos, elles abandonnent l'eau, et, au rouge naissant, elles se volatilisent complètement. Elles ont une odeur comparable à celle du poisson, et sont connues sous le nom de *sel d'étain*. Elles sont employées en teinture, comme mordant, pour les couleurs violacées. Elles sont indispensables pour préparer le *pourpre de Cassius*. L'atome de sel d'étain contient 1 atome d'étain et 2 atomes de chlore. L'étain forme avec le chlore un *bichlorure*, qui contient une quantité double de chlore. Il s'unit aussi avec le brôme et l'iode, dans les mêmes proportions qu'avec le chlore.

Protosulfure d'étain. Il est en masse lamelleuse, formé de larges aiguilles rayonnées, fond à la chaleur rouge, et peut s'obtenir directement en fondant ensemble de l'étain et du soufre. Ce sulfure, chauffé en vase clos, ne peut se décomposer; mais, à l'air, il se transforme en acide sulfureux et en oxide d'étain.

Bisulfure d'étain, or mussif. Il cristallise en belles aiguilles jaunes, hexagones, qui ont l'éclat métallique. Son atome contient 2 atomes de soufre pour 1 atome d'étain, tandis que le protosulfure ne contient qu'un atome de soufre.

On peut obtenir l'or mussif, en plaçant dans un creuset, dont le couvercle est percé de plusieurs trous, parties égales de limaille d'étain, de soufre et de sel ammoniac. Le creuset doit être exposé pendant assez long-temps à une température modérée, suffisante pour volatiliser le sel ammoniac.

Fer-blanc. Le fer-blanc est un alliage de fer et d'étain; mais cet alliage n'a lieu qu'à la surface du fer. Pour l obtenir, on maintient, pendant quelque temps, dans un bain d'étain fondu, des lames de tôle bien décapées. En enlevant avec un acide la première couche d'étain, on obtient le moiré métallique.

Extraction de l'étain. On n'exploite que l'oxide d'étain dont on trouve des mines considérables en Angleterre, en Allemagne, à Banca, à Malacca, etc. On réduit le minerai en poudre, qu'on lave sur des tables inclinées pour enlever les matières terreuses. S'il contient des sulfures de fer et de cuivre, ce qui arrive souvent, on grille le minerai dans un four à réverbère, pour changer ces sulfures en oxides et en sulfates de fer et de cuivre. On jette le mélange dans des cuves pleines d'eau, où les sulfates se dissolvent. On peut les obtenir par évaporation et cristallisation. Les oxides sont lavés de nouveau sur des tables. Ceux de fer et de cuivre, plus légers que l'oxide d'étain, sont entraînés en très-grande partie. L'oxide d'étain est ensuite placé, avec du charbon mouillé, dans un fourneau très-bas, dont le sol est incliné et en granit. Une chaleur peu élevée suffit pour opérer la réduction.

ZINC.

56. Le zinc est un métal blanc bleuâtre; sa texture est lamelleuse. Il est malléable à froid; sa densité est à peu près égale à 7. Il fond à 374°, devient très-liquide à la température rouge, et se volatilise au rouge blanc. Il s'oxide rapidement lorsqu'on le chauffe au contact de l'air; porté au rouge blanc, il brûle avec un vif éclat, et donne lieu à un oxide blanc, anhydre, pulvérulent et grenu. Cet oxide se réduit facilement par le charbon, à une chaleur rouge; il est employé en peinture et en médecine.

Sulfure de zinc. Il se trouve abondamment dans la nature; il prend alors le nom de *blende*. C'est le minerai de zinc le plus commun. Soumise au grillage à l'air, la blende laisse dégager de l'acide sulfureux, et il reste de l'oxide de zinc et du sulfate de zinc. Le charbon décompose la blende à la chaleur blanche, et donne du sulfure de carbone et du zinc métallique.

Sulfate de zinc. Composé d'un atome d'acide sulfurique et d'un atome d'oxide de zinc, ce sel est blanc, cristallise en prismes transparens qui contiennent beaucoup d'eau. Une chaleur très-grande le ramène seulement à l'état de sous-sulfate. En grillant et lavant des pyrites riches en zinc, on extrait un mélange de sulfate de zinc et de sulfate de fer; on fait passer à travers la dissolution un courant de chlore, qui amène le fer à l'état de peroxide; enfin la liqueur est soumise à l'ébullition avec du protoxide de zinc, ce qui précipite l'oxide de fer.

Extraction du zinc. Le zinc s'extrait d'un minerai appelé *calamine*. C'est un carbonate ou un silicate de zinc accompagné de parties ferrugineuses. On peut aussi extraire le zinc de la *blende*, qui est un oxide de zinc. Le minerai est calciné, pulvérisé, mêlé à du charbon de bois et exposé à une forte chaleur. Le zinc se réduit, se sublime, et tombe dans un vase qui contient de l'eau; on le coule ensuite en lingots.

COBALT.

57. Le cobalt est blanc, et prend facilement le poli; sa densité est 8,528. Le carbone, auquel il est toujours uni, fait qu'il est peu ductile. Il fond très-difficilement et ne se volatilise pas. Il est attirable à l'aimant, mais moins que le fer. On le trouve dans la nature, uni au soufre ou à l'arsenic; il est presque toujours accompagné de nickel. A l'aide de la chaleur, il s'oxide facilement. L'hydrogène et le charbon réduisent aisément ses oxides à l'aide de la chaleur rouge.

Le cobalt forme avec l'oxigène deux oxides. Le premier est pulvérulent, gris-clair, légèrement verdâtre; on l'obtient en décomposant par la chaleur le carbonate de cobalt; on s'en sert pour colorer en bleu le verre et la porcelaine. Uni à l'alumine, il forme la base du *bleu Thénard.*

Le peroxide s'obtient en chauffant modérément le protoxide au contact de l'air; comme il se trouve dans la nature, on peut l'employer à colorer le verre et la porcelaine, car une température élevée le ramène à l'état de protoxide.

Avec le *chlorure de cobalt* on obtient une encre de sympathie. Lorsque la dissolution est étendue, les caractères sont à peu près invisibles; mais ils passent au bleu par une chaleur modérée. A mesure que le papier se refroidit, le chlorure absorbe l'humidité de l'air et devient invisible.

Extraction du cobalt. On grille le minerai pour en chasser le soufre et l'arsenic. La mine est ensuite dissoute dans l'acide nitrique, et on verse dans la dissolution du succinate d'ammoniaque jusqu'à ce qu'il ne se forme plus de précipité. On filtre, et on ajoute de l'ammoniaque liquide, qui précipite un ammoniure de nickel; la liqueur est filtrée de nouveau, évaporée à siccité, et le résidu placé dans un creuset avec un mélange de charbon et d'huile. En chauffant, on trouve au fond du creuset un bouton métallique.

Les sels de cobalt se reconnaissent à ce que leurs cristaux et leurs dissolutions sont roses; les alcalis donnent lieu à un précipité bleu, qui est soluble dans l'ammoniaque liquide; la solution est rose.

ANTIMOINE.

68. L'antimoine est blanc gris, éclatant, lamelleux, doué d'une odeur et d'une saveur particulières, surtout lorsqu'il est réduit en vapeurs. Sa densité est 6,7. Il est très-fragile, et se réduit aisément en une poudre fine. Chauffé à l'air jusqu'au point de fusion, il s'enflamme et se convertit en protoxide. On se procure l'antimoine en grillant le sulfure, ce qui le fait passer à l'état de protoxide; ce dernier est réduit par le charbon, mais il retient toujours quelques traces d'arsenic.

On obtient un sous-oxide en employant un morceau d'antimoine comme pôle positif d'une pile employée à décomposer l'eau; il se présente sous la forme de flocons gris. En distillant l'antimoine avec le contact de l'air, on obtient un protoxide cristallisé par sublimation, et connu sous le nom de *fleurs argentines d'antimoine.*

En fondant dans un creuset du protoxide d'antimoine provenant du grillage du sulfure, on obtient un verre jaune rougeâtre : c'est le *verre d'antimoine.* Il contient une assez grande quantité de silice qui provient du creuset employé.

Il existe encore deux combinaisons de l'antimoine avec l'oxigène : ce sont l'*acide antimonieux* et l'*acide antimonique.* Le premier contient 2 atomes, le second 2 atomes et demi d'oxigène pour 1 atome d'antimoine.

En mêlant 16 parties de sublimé corrosif avec 6 parties d'antimoine, introduisant le mélange dans une cornue très-sèche, à laquelle on adapte un récipient de verre, et chauffant lentement la cornue, il se forme des vapeurs qui se condensent dans le récipient. On obtient ainsi un chlorure d'antimoine, connu sous le nom de *beurre d'antimoine*, à cause de sa consistance. Il est employé comme caustique en médecine, et dans les arts on s'en sert pour bronzer les métaux.

En fondant le sulfure d'antimoine avec la moitié de son poids de nitre, on forme le *foie d'antimoine*, employé dans la médecine vétérinaire. Le sulfure et le protoxide d'antimoine constituent le *kermès minéral;* on le prépare en faisant digérer une dissolution de carbonate de potasse sur du sulfure d'antimoine, faisant bouillir le mélange pendant deux heures, filtrant et laissant refroidir la liqueur dans une terrine. Le kermès est employé dans le traitement des pleurésies.

CHRÔME.

59. Le chrôme est d'un blanc gris; il paraît susceptible d'un beau poli; on n'a pas encore pu le fondre; sa densité est 5,90. Les acides les plus forts l'attaquent difficilement; mais, par la voie sèche, les alcalis l'attaquent très-facilement, sous l'influence de l'oxigène. On l'obtient en réduisant l'oxide de chrôme par le charbon. On reconnaît ce

métal à la belle couleur verte qu'il donne au borax fondu, ou bien au jaune intense que donne la dissolution de la matière traitée par les alcalis dans un creuset.

Le *protoxide de chrôme* est d'un beau vert, très-difficile à fondre, indécomposable par la chaleur et par l'hydrogène, insoluble dans l'eau. On l'emploie dans la peinture sur porcelaine et dans la fabrication des strass imitant l'émeraude. Son atome, composé de 2 atomes de chrôme et de 3 atomes d'oxigène, pèse 1003,6. On le prépare en décomposant par la chaleur le chromate de mercure. Ce dernier s'obtient en décomposant le nitrate de protoxide de mercure par du chromate de potasse.

Le *deutoxide* est brun; il paraît contenir un atome d'oxigène de plus que le protoxide; il est sans usage.

L'*acide chrômique* est rouge de rubis, sa dissolation est jaune brun; son atome contient 1 atome de chrôme et 3 atomes d'oxigène. Il s'extrait du chrômate de potasse.

Le *chrômate de potasse* est jaune, cristallise en prismes transparens; sa saveur est fraîche, amère et désagréable; l'eau en dissout le double de son poids. Il est inaltérable à l'air; à la chaleur rouge, il fond et cristallise en se refroidissant. Il contient un atome d'acide chromique pour un atome de potasse. On l'obtient en calcinant avec du nitrate de potasse la mine de chrôme pulvérisée. Le résidu est délayé dans l'eau bouillante, qui dissout le

chrômate de potasse. On concentre par la chaleur
et on fait cristalliser.

Il existe un bichrômate de potasse, qui cristallise en larges tables rectangulaires, d'un rouge
intense.

CUIVRE.

60. Le cuivre est rouge; il a une odeur et une
saveur particulière; sa densité est de 8,788 quand
il a été fondu; celle du cuivre écroui est 8,878. Il
est malléable à chaud et à froid. Il fond à 27° de
Wedgewood, et cristallise par le refroidissement
en pyramides quadrangulaires. Il n'est pas sensiblement volatil, s'oxide au contact de l'air humide,
et au contact de l'air sec à l'aide de la chaleur. L'a-
cide nitride agit vivement sur lui, mais l'acide sulfurique concentré ne produit qu'une faible action.
Les alcalis et l'ammoniaque surtout exercent une
action très-vive.

Oxides de cuivre. L'oxigène forme avec le cuivre deux oxides; le premier est rouge, très-fusible,
et se change en deutoxide lorsqu'on le chauffe au
contact de l'air. Il se trouve dans la nature; il contient 1 atome d'oxigène pour 2 atomes de cuivre; le poids de son atome est 891,3. On l'emploie
pour colorer le verre en pourpre.

Le *deutoxide* est brun foncé. L'action des corps
combustibles le ramène à l'état de protoxide; l'hydrogène le réduit entièrement, ainsi que le carbone. On s'en sert pour donner au verre une belle

couleur verte. Son atome contient 1 atome d'oxigène et 1 atome de cuivre. On se sert de l'hydrate de deutoxide de cuivre pour imiter les *cendres bleues* anglaises; mais cette couleur tourne rapidement au vert. On le trouve dans la nature.

Il existe encore un *tritoxide,* qui est un produit de l'art, et qui est sans usage.

Sulfures de cuivre. Le protosulfure se trouve dans la nature en masse compacte et terne; il est très-fusible, assez tendre; sa densité varie de 4,8 à 5,3. Le grillage le décompose facilement. Le bisulfure s'obtient en faisant passer un courant d'hydrogène sulfuré à travers une dissolution d'un sel de deutoxide de cuivre.

Le minerai de cuivre le plus abondant est une pyrite cuivreuse, ou sulfure double de fer et de cuivre.

Les sels les plus importans sont le sulfate, le nitrate et le carbonate de cuivre.

Le *sulfate neutre de deutoxide de cuivre,* ou *couperose bleue,* cristallise en parallélipipèdes obliques; il est deux fois plus soluble dans l'eau bouillante que dans l'eau froide. Une chaleur douce lui fait perdre son eau de cristillation. Il s'obtient en grillant les pyrites de cuivre, lavant le résidu, évaporant les eaux de lavage et les faisant cristalliser. Il contient 1 atome d'acide pour. 1 atome de deutoxide. Il est employé à chauler le blé, à préparer les cendres bleues et le vert de Schèele; il entre dans la composition de l'encre ordinaire;

enfin, il est employé dans la teinture en noir de la soie et de la laine.

Le *nitrate de deutoxide de cuivre* est bleu, déliquescent, et par conséquent très-soluble. La chaleur le décompose complètement. On l'obtient en traitant directement le cuivre par l'acide nitrique.

Le *carbonate sesquibasique hydraté* se trouve dans la nature; il est d'une belle couleur bleue très-éclatante; on l'appelle quelquefois *bleu de montagne, azur de cuivre*. Les Anglais fabriquent artificiellement ce carbonate; mais leur procédé est tenu secret. Il est connu dans le commerce sous le nom de *cendres bleues*.

Alliages de cuivre. L'alliage de cuivre et de zinc porte le nom de *laiton*. Cet alliage est quelquefois accompagné d'un peu de plomb et d'étain. Les tourneurs ont besoin d'un laiton légèrement plombeux, pour qu'il ne soit ni trop mou ni trop dur. On emploie ordinairement 65 parties de cuivre, 33 de zinc et 2 de plomb. Pour le laiton en fil, il faut supprimer les 2 parties de plomb.

Le *chrysocale* est formé de 90 parties de cuivre, 8 de zinc et 2 de plomb.

Le *bronze des statuaires* contient 91,5 parties de cuivre, 6 de zinc, 1 d'étain et 1,5 de plomb. En général, on donne le nom de *bronze* à un alliage de cuivre et d'étain. Le bronze des canons s'obtient en alliant 100 parties de cuivre avec 11 parties d'étain; celui des cloches, qui est d'ailleurs très-variable, contient assez généralement 80 par-

ties de cuivre, 10 d'étain, 6 de zinc et 4 de plomb.
Le bronze a la propriété de devenir ductile lorsqu'il est refroidi au marteau; propriété tout-à-fait
contraire à celle que possède l'acier.

Un alliage de 2 parties de cuivre et d'une
partie d'étain est d'un blanc d'acier, très-dur,
très-cassant, et prend un beau poli. On s'en sert
pour faire les miroirs des télescopes.

L'*étamage* du cuivre consiste à appliquer sur
ce métal une couche d'étain. Pour cela, on en dé-
cape la surface en la saupoudrant d'hydrochlorate d'ammoniaque, chauffant et frottant vivement pour étendre la poudre sur la surface. On
y applique ensuite, avec une étoupe, de l'étain
fondu, **en frottant** continuellement jusqu'à ce
qu'on ait appliqué l'étain en quantité suffisante.
On doit éviter d'employer de l'étain contenant
une quantité sensible de plomb.

Extraction de cuivre. On grille la pyrite pour
transformer le sulfure de cuivre en sulfate et en
oxide; on réduit ensuite le résidu par le charbon.
On obtient ainsi une *matte,* qu'on est obligé de
griller encore à plusieurs reprises, et de fondre
mélangée avec du quartz pour s'opposer à la réduction du fer que contient la pyrite. On fond de
nouveau la masse, en dirigeant sur la surface le
vent de forts soufflets pour brûler le fer et le
soufre.

Les sels de cuivre se reconnaissent à ce que :
1° le fer et le zinc précipitent le cuivre à l'état

métallique; 2° les alcalis donnent un précipité
bleu, qui se dissout dans l'ammoniaque liquide,
ce qui forme une liqueur d'une couleur bleue
magnifique.

PLOMB.

61. Ce métal est gris bleuâtre; il a de l'éclat
lorsqu'il est fraîchement coupé, mais il ternit rapidement à l'air. Il s'échauffe beaucoup par la
percussion. Sa densité est 11,445. Il fond à 322°,
et se volatilise à la chaleur blanche. Chauffé au
contact de l'air, il brûle avec une flamme rare,
mais visible, et se change en protoxide. Le plomb
qu'on trouve dans le commerce est impur; quand
on veut obtenir du plomb exempt de matières
étrangères, il faut décomposer par le charbon la
céruse de Clichy.

Oxides de plomb. Le protoxide de plomb est
appelé *massicot*, lorsqu'il est pulvérulent, et *litharge*, lorsqu'il a été fondu et cristallisé en lames
hexaèdres régulières. Son atome, composé d'un
atome de plomb et d'un atome d'oxigène, pèse
1394,5. Il se combine avec les alcalis : par exemple,
avec la potasse, la soude et la chaux. C'est avec le
plombate de chaux qu'on teint les cheveux en
noir. La litharge s'obtient en dirigeant le vent
d'un soufflet sur du plomb fondu dans un fourneau à réverbère. La litharge jouit de la propriété, lorsqu'elle est employée en excès, de décomposer les sulfures.

Peroxide, ou *oxide puce de plomb.* Il s'obtient
en traitant le *minium* par l'acide nitrique concentré; il se forme un précipité d'oxide puce. Son
atome contient 2 atomes d'oxigène pour 1 atome
de plomb.

Le *minium* est un composé de protoxide et de
protoxide de plomb. Le chimiste Berzélius prétend
qu'il renferme 1 atome de peroxide pour 1 atome
de protoxide. Il s'obtient en chauffant, au contact
de l'air et à 300° environ, du massicot réduit en
poudre très-fine. On l'emploie comme couleur;
il sert aussi dans la fabrication des cristaux.

Le *jaune minéral* est un oxichlorure de plomb,
qu'on peut obtenir en formant une pâte avec
1 partie de sel marin, 4 parties d'eau et 4
ou 7 parties de litharge. On agite continuellement en ajoutant de l'eau à mesure que la matière s'épaissit. Elle devient blanche peu à peu,
et, au bout de vingt-quatre heures, on obtient de
la soude en dissolution, et une poudre blanche,
qui est l'oxichlorure hydraté. Celui-ci, lavé et
fondu, donne le jaune minéral.

Le *sulfure de plomb,* ou *galène,* est solide,
brillant, d'une couleur grisâtre, moins fusible
que le plomb; il est très-commun dans la nature.
On emploie pour vernir les poteries un sulfure
de plomb connu sous le nom d'*alquifoux.*

Alliages de plomb. On allie le plomb à l'étain,
en parties égales, pour former ce qu'on appelle
la *soudure des plombiers.* Les ustensiles dits d'é-

tain sont réellement formés d'un alliage de ce métal avec le plomb. Les caractères d'imprimerie sont faits avec un alliage de 4 parties de plomb et d'une partie d'antimoine.

Les *sels* de plomb renferment ce métal à l'état de protoxide. Ils sont tous très-vénéneux ; une petite quantité suffit pour donner la maladie connue sous le nom de *coliques de plomb*. Les alcalis les précipitent en blanc ; l'hydrogène sulfuré les précipite en brun noir, et le chrômate de potasse en jaune.

Le *sulfate de plomb* est blanc, grenu, insoluble dans l'eau, un peu soluble dans les acides forts, infusible, presque indécomposable par la chaleur, réductible par le charbon et l'hydrogène. Il est composé d'un atome de protoxide pour un atome d'acide sulfurique. On le trouve dans la nature, cristallisé en octaèdres. On l'obtient par la réaction de l'alun et de l'acétate de plomb, qui donne en même temps l'acétate d'alumine employé dans les fabriques de toiles peintes.

Le *nitrate de plomb,* composé d'un atome de protoxide pour un atome d'acide nitrique, s'obtient en dissolvant le carbonate de plomb pur dans l'acide nitrique. On ne s'en sert que dans les laboratoires de chimie.

Le *carbonate de plomb* est blanc, pulvérulent, insoluble dans l'eau ; la chaleur en chasse l'acide carbonique, et le convertit ensuite en très-beau minium, qu'on désigne sous le nom de mine orange. Le carbonate est employé dans la peinture sous le nom de *céruse, blanc d'argent, blanc de plomb*. On l'obtient en faisant passer un courant d'acide carbonique à travers une dissolution d'acétate de plomb avec excès de base. En Hollande, on place des lames de plomb dans des pots de terre qui contiennent une petite quantité de vinaigre. Ces pots sont couverts et entourés de fumier pendant six semaines ou deux mois, après lesquels le plomb se trouve converti en carbonate, un peu noirci par du sulfure de plomb.

Chrômate de plomb. Ce sel est d'un beau jaune, insoluble dans l'eau, et facilement réduit par le charbon en oxide de plomb et en oxide de chrôme. On l'obtient en décomposant l'acétate de plomb par le chrômate de potasse. Mélangé avec du sulfate de plomb et du sulfate de chaux, il constitue le *jaune de Cologne*.

Extraction. On grille la *galène* à plusieurs reprises, ce qui la transforme en oxide, et on réduit cet oxide par le charbon.

BISMUTH.

62. Ce métal est blanc rougeâtre et peu éclatant, d'une ductilité et d'une tenacité très-faibles. Sa densité est 9,83; il fond à 247°, et peut être réduit en vapeurs. Il cristallise par la fusion et le refroidissement en trémies tout-à-fait semblables à celles du sel marin. On obtient le bismuth en le

séparant par la fusion des métaux auxquels il est uni dans le bismuth natif.

En traitant ce métal par l'acide nitrique, il y a une action très-vive produite, et un nitrate de bismuth est formé. Si l'on étend d'eau la dissolution concentrée de ce nitrate, il se précipite un sous-nitrate blanc, connu sous le nom de *blanc de fard, blanc de perle*. On s'en sert pour la fabrication de la cire à cacheter.

Nous avons déjà parlé de l'alliage fusible que forment le bismuth, le plomb et l'étain.

MERCURE.

63. Le *mercure*, ou *vif argent*, est liquide à la température ordinaire; il se solidifie à 39°,5 au-dessous de 0, et se volatilise à 360° au-dessus. Sa densité à 4° est 13,588. Il est d'un blanc d'argent et jouit d'un vif éclat. Il ne mouille pas les corps, les métaux exceptés; il se répand sur eux en gouttelettes d'autant plus rondes et plus multipliées qu'il est plus pur. Le mercure du commerce contient ordinairement de l'étain, du plomb et du bismuth; on le distille pour le purifier.

On trouve dans la nature le mercure natif, le mercure argental, le mercure sulfuré, le proto-chlorure de mercure. Le mercure natif est assez souvent pur; quelquefois il contient de l'argent; on l'en sépare par la sublimation. On l'extrait du sulfure en le distillant avec de la chaux vive ou de la limaille de fer, qui s'emparent du soufre.

Le *protoxide de mercure* est noir, pulvérulent, d'une saveur désagréable, quoique insoluble dans l'eau. On l'obtient en secouant très-long-temps le mercure avec beaucoup d'air et un peu d'eau, ou en précipitant par la potasse le nitrate de protoxide de mercure. Son atome, composé de 2 atomes de mercure et d'un atome d'oxigène, pèse 2631,6.

Le *deutoxide* est rouge, soluble et d'une saveur forte. A la chaleur rouge, il se décompose en mercure et en oxigène. Il contient 1 atome d'oxigène pour 1 atome de mercure. On l'obtient en décomposant le nitrate par une chaleur modérée.

Le *protochlorure de mercure*, ou *mercure doux*, est blanc jaunâtre; l'eau n'en dissout que la 12000ᵉ partie de son poids; on peut le sublimer et faire cristalliser les vapeurs. Il est employé dans la médecine, et peut être pris à d'assez fortes doses sans inconvénient. Il contient 1 atome de chlore pour 1 atome de mercure. On l'obtient en mêlant dans un ballon du sulfate de protoxide de mercure et du sel marin; le ballon est placé dans un bain de sable et chauffé graduellement. Le protochlorure se sublime et vient cristalliser à la partie supérieure du ballon; le résidu est du sulfate de soude.

Le *deutochlorure* de mercure, ou *sublimé corrosif*, est blanc saliné, cristallisable en prismes tétraèdres aplatis. Il fond à une température peu élevée, et se sublime plus facilement que le protochlorure. C'est un violent poison; pris à de très-petites doses, c'est un remède spécifique pour certaines maladies. On l'obtient de la même manière que le protochlorure, mais en employant le deutosulfate au lieu du protosulfate de mercure.

Le *protosulfure* de mercure s'obtient en triturant à froid le soufre avec du mercure humecté. C'est un composé peu stable; la chaleur suffit pour le changer en mercure et en deutosulfure. Il contient 1 atome de soufre pour 2 atomes de mercure.

Le *deutosulfure* de mercure, ou *cinabre*, est d'une belle couleur rouge, insoluble dans l'eau, infusible, indécomposable par la chaleur; il se volatilise à une température voisine de la chaleur rouge; ses vapeurs condensées forment des masses composées d'aiguilles hexaèdres. L'hydrogène, le charbon et les alcalis le réduisent. Il contient 1 atome de soufre pour 1 atome de mercure. On l'obtient en chauffant le soufre et le mercure à une température ménagée, et sublimant ensuite le composé noir ainsi obtenu. On peut aussi l'obtenir de la manière suivante. On triture à froid du soufre et du mercure; quand la masse est homogène, on y ajoute une dissolution de potasse, en continuant toujours de triturer. On chauffe le mélange dans des vases de fer, et on maintient la température à 55°, autant que possible, en ajoutant de l'eau à mesure qu'elle s'évapore. Le mélange, qui était noir au commencement de l'opération, devient brun rougeâtre au bout de quelques heures; la couleur prend une nuance rouge de plus en plus prononcée; on termine l'opération quand on juge la couleur assez belle. Le cinabre se trouve dans la nature.

L'*ammoniure* de mercure, ou *mercure fulminant*, s'obtient en faisant digérer de l'ammoniaque sur le deutoxide de mercure hydraté. Il est insoluble dans l'eau, détonne facilement par le choc, décrépite lorsqu'on le chauffe brusquement, mais se décompose sans détonation lorsqu'il est chauffé très-doucement.

Parmi les amalgames, on doit remarquer celui qui est formé de 3 parties de mercure et d'une partie d'étain; il sert à l'étamage des glaces.

Les *sels* de mercure se reconnaissent à ce que, 1° mis en contact avec une lame de cuivre, ils la blanchissent, et la tache disparait par la chaleur; 2° ils sont décomposés quand on les fait bouillir avec du protochlorure d'étain et de l'acide hydrochlorique. Le mercure se dépose en globules distincts.

Le *protosulfate* de mercure s'obtient en traitant le mercure par l'acide sulfurique étendu de son poids d'eau, et le *deutosulfate* en chauffant le mercure avec un excès d'acide très-concentré. De même, le mercure et l'acide nitrique forment un *protonitrate* lorsque le mercure est en excès,

8.

et un *deutonitrate* lorsque c'est l'acide nitrique. Ces sels sont employés en médecine; les deux nitrates servent dans la chapellerie.

ARGENT.

64. Ce métal est d'un beau blanc, plus dur que l'or, très-ductile et très-malléable. Il fond à 20° du pyromètre, et parait se volatiliser un peu à une très-haute température; l'eau et l'air, à la température ordinaire, ne l'altèrent pas. Il absorbe l'oxigène lorsqu'on le chauffe long-temps avec le contact de l'air, mais l'abandonne en se refroidissant.

Oxide d'argent. Il est de couleur olive; on l'obtient en le précipitant du nitrate d'argent par l'eau de chaux. Il est sans saveur, insoluble dans l'eau, mais très-soluble dans l'acide nitrique. La chaleur le réduit à l'état métallique. En versant de l'ammoniaque liquide sur de l'oxide d'argent récemment préparé, on obtient, au bout d'un ou deux jours, un produit brunâtre, qui détonne avec la plus grande violence au moindre frottement.

Le *chlorure* d'argent est blanc, cailleboté, très-dense. Il s'altère rapidement à la lumière solaire, et devient violet; il se dégage du chlore, et il se forme une très-petite quantité de sous-chlorure violet. Il est insoluble dans l'eau et dans les acides, excepté dans l'acide hydrochlorique. Il fond à 260°;

en le refroidissant lentement, il se prend en une masse semi-ductile, qui ressemble à de la corne, ce qui l'a fait appeler *lune cornée*. Le charbon pur ne réduit pas ce chlorure, mais l'hydrogène le réduit facilement. Son atome se compose d'un atome d'argent et de 2 atomes de chlore. Pour le réduire, on le fond ordinairement avec du carbonate de potasse, ou bien avec la chaux caustique.

Le *sulfure* d'argent est gris de plomb, un peu ductile, très-fusible; le grillage le transforme en acide sulfureux et en argent pur; on peut aussi le réduire par l'hydrogène. C'est le sulfure d'argent qui noircit les ustensiles faits avec ce métal; on enlève facilement ce sulfure, soit par des moyens mécaniques, soit en traitant par l'acide hydrochlorique bouillant.

On désigne sous le nom d'*argent rouge* un minéral composé d'un atome de sulfure d'antimoine et de 3 atomes de sulfure d'argent. En le grillant, on en sépare l'argent pur.

Sulfate d'argent. On l'obtient en dissolvant l'argent dans l'acide sulfurique concentré et bouillant; c'est un sel blanc, cristallisable, peu soluble dans l'eau, mais très-soluble dans l'acide sulfurique; ce qui donne un moyen de séparer l'or de l'argent, l'or ne pouvant nullement être attaqué par l'acide sulfurique.

Nitrate d'argent. Ce sel, soluble dans son poids d'eau froide, et bien plus soluble dans l'eau bouillante, cristallise en lames carrées; il s'altère et

noircit à la lumière. Il corrode la peau, et y fait
des taches noires. Fondu et coulé dans des moules
cylindriques en fonte, il prend le nom de *pierre
infernale.* Une chaleur plus forte le réduit complètement. On l'obtient en traitant l'argent par
l'acide nitrique.

Les sels d'argent traités par une lame de cuivre, plongés dans la dissolution, laissent déposer
de l'argent métallique; placés sur des charbons ardens, ils laissent un bouton d'argent.

Le zinc ou l'étain forme avec l'argent un alliage
d'un blanc bleuâtre, cassant et peu ductile. L'alliage d'argent et d'antimoine, qui se rencontre
dans la nature, se réduit très-bien par le grillage.

L'argent et le cuivre forment des alliages plus
durs et plus sonores que l'argent. En général les
monnaies d'argent sont un alliage de ces deux
métaux; celles de France contiennent, sur 1000
parties, 900 parties d'argent et 100 de cuivre. Les
couverts et la vaisselle contiennent 950 parties
d'argent, les bijoux 850.

Le mercure et l'argent s'unissent en toute proportion; on les sépare par la distillation du mercure. On trouve dans la nature un mercure argental.

En général, pour extraire l'argent des mines
d'argent natif, on fait fondre parties égales de
plomb et de minerai, dans des capsules faites avec
des os calcinés, et qu'on appelle *coupelles.* Le
plomb s'oxide et coule à travers les os, laissant

l'argent dans la coupelle. On traite de même la
mine de plomb argentifère, après l'avoir bocar-
dée, grillée et débarrassée de sa gangue. D'autres
fois on forme du minerai bien broyé une espèce
de boue sur laquelle on verse du mercure. On
lave l'amalgame qui s'est formé, pour en séparer
les parties terreuses; on le soumet à la distillation
pour en séparer le mercure.

OR.

65. Ce métal, le plus malléable et le plus ductile
de tous les métaux, est d'un beau jaune rougeà-
tre, très-éclatant, inaltérable à l'air. Les acides
n'ont aucune action sur lui; le chlore seul peut
l'attaquer, encore faut-il qu'il soit très-concentré,
comme dans l'eau régale. Une faible chaleur suffit
pour réduire les oxides d'or. On le trouve à l'état
natif, et souvent disséminé dans d'autres minerais
métalliques. Sa densité est 19,3. Il entre en fusion
à 32° de Wedgewood; fondu, il est d'un vert bleuà-
tre; réduit en poudre très-fine, il est d'une couleur pourpre.

Oxides d'or. L'or forme avec l'oxigène deux
oxides, tous deux peu stables et facilement réduc-
tibles, soit par la chaleur, soit par la lumière. Le
protoxide est vert et s'obtient en décomposant le
protochlorure d'or par la potasse caustique étendue d'eau. Le deutoxide est d'un brun foncé, et
s'obtient en décomposant le perchlorure d'or par

une base puissante. Ce deutoxide s'unit aux bases, l'ammoniaque exceptée, et forme avec elles des sels.

Les *chlorures* d'or s'obtiennent en dissolvant l'or dans l'eau régale, et en chauffant modérément, pour le sécher d'abord, et ensuite pour chasser l'acide en excès. On obtient ainsi du perchlorure, qu'une chaleur de 200° transforme en protochlorure, et qu'une température plus élevée décompose en or pur qui reste et en chlore qui se dégage. En traitant une solution aqueuse de chlorure d'or par une solution de sulfure de potassium, on obtient un précipité brun qui est du *sulfure* d'or, substance employée pour dorer la porcelaine.

L'ammoniaque caustique mise en digestion, soit avec du peroxide, soit avec du chlorure d'or, produit deux composés, le premier de couleur olive, le second jaune rougeâtre. Ces deux corps sont fulminans.

Si l'on fait une dissolution d'or dans une eau régale composée de deux parties d'acide nitrique et d'une partie d'acide hydrochlorique, et que, dans cette dissolution filtrée et étendue de beaucoup d'eau, on verse goutte à goutte une dissolution d'étain pur dans une eau régale faible, en agitant sans cesse le mélange et s'arrêtant dès que la liqueur prend la teinte du gros vin rouge, on obtient par le repos du liquide des flocons pourpres qui se précipitent; on décante et on lave ce dépôt, qui constitue le *pourpre de Cassius*.

L'or s'allie à presque tous les métaux; le plus

utile de tous ces alliages est celui de l'or avec le cuivre. On s'en sert pour fabriquer la monnaie et les bijoux. Il a sur l'or l'avantage d'être moins flexible, et d'ailleurs la couleur est la même que celle de l'or pur, lorsqu'on a soin d'enlever le cuivre de la surface par des agens convenables.

Le mercure et l'or s'allient en proportions très-variées; l'amalgame, composé de huit ou neuf parties de mercure pour une d'or, sert à dorer le bronze. L'alliage de 30 parties d'argent et de 100 d'or a une assez belle couleur verte; les bijoutiers l'emploient quelquefois.

Extraction de l'or. Si l'or est natif, on bocarde et on lave la mine, puis on allie le mercure à l'or, qui le dissout; le mercure est séparé par la volatilisation. Si l'or est allié à des sulfures métalliques, on grille le minerai à plusieurs reprises, puis on le broie avec du mercure, qui s'allie à la fois à l'or et à l'argent. On soumet l'amalgame d'or et d'argent à la distillation pour en chasser le mercure. Pour séparer l'or de l'argent, on s'assure si l'or contient trois fois son poids d'argent; et s'il n'en contient pas cette quantité, on ajoute de l'argent. On fond et on coule en grenailles : cet alliage est traité à plusieurs reprises par son poids d'acide nitrique bouillant; enfin on traite le résidu par l'acide sulfurique à 66°. Par cette opération, qu'on appelle *départ*, l'or est séparé de l'argent dissous par les deux acides. L'argent est précipité de ses dissolutions par des lames de cuivre.

PLATINE.

66. Le platine est d'un blanc gris, susceptible de prendre un très-beau poli; il est très-ductile et assez malléable; c'est le moins dilatable des métaux. Fondu, sa densité est 19,5; forgé, elle va jusqu'à 21,5. Ce métal n'est fusible qu'au chalumeau d'oxigène et d'hydrogène; mais la propriété qu'il a de se souder, lorsqu'il est amolli par la chaleur, permet de le forger assez facilement. L'air n'a aucune action sur lui, à quelque température que ce soit. Il en est de même de l'acide sulfurique et de l'acide hydrochlorique; mais l'acide nitrique, dont l'action sur le platine pur est insensible, agit au contraire assez fortement sur le platine uni à un métal attaquable par l'acide nitrique. Les alcalis, les persulfures alcalins, le nitre, le phosphore et l'arsenic se combinent avec lui. Il se combine directement avec le chlore gazeux, et, lorsqu'il est divisé, avec le soufre. Il a la propriété, lorsqu'il est en éponge ou en poudre très-fine, d'enflammer l'hydrogène. Sa dureté, son infusibilité et le peu d'action qu'exercent sur lui les réactifs, le font rechercher pour la confection des instrumens de chimie; les Russes en fabriquent de la monnaie.

Le minerai qui contient le platine, et qui vient soit de l'Amérique espagnole, soit de la Sibérie, contient en même temps, outre le fer et le chrôme, le palladium, l'iridium, l'osmium et le rhodium.

Pour en extraire le platine, on traite cet alliage avec une eau régale composée d'une partie d'acide nitrique et de 3 parties d'acide hydrochlorique; on décante la dissolution, qui est rouge foncé, et on verse de nouvelle eau régale, jusqu'à quatre reprises différentes. On enlève le résidu et on verse dans la dissolution de l'hydrochlorate d'ammoniaque; il se forme un précipité jaune-orange qu'on sèche et qu'on décompose par la chaleur. Il en résulte du platine qu'on purifie en le dissolvant de nouveau dans l'eau régale et le traitant de la même manière.

On reconnaît les sels de platine à leur propriété de ne pas être précipités par le ferrocyanure de potassium, et en ce que le platine en est précipité par tous les métaux, sans excepter l'argent.

SELS AMMONIACAUX.

67. L'ammoniaque joue le rôle d'une base énergique; pour remplacer une quantité de base contenant 1 atome d'oxigène, il faut 4 volumes d'ammoniaque; le poids de son atome sera donc représenté par 214,52. Tous les sels ammoniacaux sont solubles, incolores, d'une saveur piquante. Ils sont tous solides, à l'exception du fluoborate basique. Beaucoup d'entre eux sont volatils, surtout ceux dont l'acide est gazeux; ceux qui sont volatils sont décomposables par la chaleur. Le chlore en décompose toujours la base, en s'unissant soit au métal, soit à l'azote.

Hydrochlorate d'ammoniaque, ou *sel ammoniac*. En Égypte, on extrait ce sel de la suie des cheminées, où l'on brûle de la fiente de chameau; il est obtenu par sublimation. Maintenant on se procure le sel ammoniac en distillant des os ou d'autres débris d'animaux dans des cornues de fonte. On obtient une liqueur brune, qu'on filtre au travers d'une couche de plâtre réduit en poudre; la liqueur filtrée est une dissolution de sulfate d'ammoniaque. On concentre la liqueur et on y ajoute du sel marin; en concentrant de nouveau la liqueur par évaporation, le sulfate de soude se dépose. On évapore les eaux pour faire cristalliser l'hydrochlorate d'ammoniaque, et on le sublime. Il est soluble dans son poids d'eau bouillante, et dans trois fois son poids d'eau froide. Il est formé de 4 volumes d'acide hydrochlorique et de 4 volumes d'ammoniaque. On s'en sert pour décaper les métaux, et principalement le cuivre, pour fabriquer les sels ammoniacaux purs, et pour précipiter le platine de sa dissolution dans l'eau régale.

L'hydrosulfate d'ammoniaque, employé comme réactif dans les laboratoires de chimie, s'obtient en faisant passer un courant d'hydrogène sulfuré à travers une dissolution d'ammoniaque caustique.

Le *chlorate* d'ammoniaque, qu'on obtient en mêlant du chlorate de potasse en poudre fine avec une dissolution de fluosilicate d'ammoniaque, est un sel très-volatil, très-soluble dans l'eau et dans l'alcool; il cristallise en aiguilles déliées. Il fulmine sur un corps chaud, avec une flamme rouge.

Le *sulfate* d'ammoniaque s'obtient comme nous l'avons dit plus haut, ou bien en versant de l'acide sulfurique sur le carbonate d'ammoniaque provenant de la distillation des matières animales. On dessèche fortement ce sel pour volatiliser une partie de l'huile empyreumatique qu'il contient, et pour carboniser le reste, ensuite on le dissout et on le fait cristalliser. Ses cristaux ont la forme de prismes à six pans terminés par des pyramides à six faces. La chaleur les fait passer d'abord à l'état de sulfate acide, et ensuite à celui de sulfite. Combiné au sulfate d'alumine, il constitue l'un des aluns du commerce.

Le *nitrate* d'ammoniaque possède une saveur âcre très-piquante. Il est très-soluble et même un peu déliquescent. Exposé au feu, il éprouve la fusion aqueuse, devient opaque, et ensuite se décompose vers 200° en eau et en protoxide d'azote. On le forme directement en versant de l'acide nitrique affaibli dans l'ammoniaque liquide.

Carbonates d'ammoniaque. On en connaît plusieurs; le seul qui soit employé est le sesquicarbonate. Il s'obtient en chauffant ensemble, dans une cornue de grès ou de fonte, 8 parties de sel ammoniac et 10 parties de craie; le mélange doit être parfaitement sec. La cornue est chauffée graduellement jusqu'au rouge; le sesquicarbonate se dégage sous forme de vapeurs blanches qui se condensent dans le récipient refroidi. On le recueille quand l'opération est terminée. Il se présente sous la forme d'un sel blanc, translucide, d'un grain cristallin et serré. Il reste dans la cornue du chlorure de calcium.

On conserve le carbonate d'ammoniaque dans des vases bien fermés; car, exposé à l'air, il laisse dégager une partie de l'ammoniaque qu'il renferme, et passe à l'état de bicarbonate. Il verdit fortement le sirop de violettes, possède une saveur âcre et piquante, et une odeur d'ammoniaque très-prononcée. Il se volatilise à l'air libre, même à la température ordinaire; et pour le chasser de sa dissolution dans l'eau, il suffit de la porter à l'ébullition.

CHAPITRE VI.

CHIMIE VÉGÉTALE.

68. On entend par substances organiques les matières chimiques définies qui se trouvent toutes formées dans les êtres organisés, ou qui proviennent de celles-ci par des modifications quelconques. L'analyse fait voir qu'en général les substances végétales ne renferment que trois principes : l'oxigène, l'hydrogène et le carbone; quelques-unes, à la vérité, n'en renferment que deux ; d'autres contiennent de plus un quatrième principe, l'azote.

La *germination* est l'acte par lequel les graines fécondées se développent en donnant naissance à de nouvelles plantes. Elle ne peut avoir lieu sans le concours de trois circonstances; il faut 1° de l'eau, que la graine enlève à un corps humide avec lequel elle est mise en contact; 2° une température supérieure à 0°, car aucun phénomène de vie ne peut se manifester dès que l'eau est à l'état solide; la température ne doit pas être au-dessus de 30°, parce que la vie naissante est anéantie par une plus forte chaleur; 3° la graine doit être en con-

tact avec l'air. Toutes les graines gonflent dans
l'eau ; mais il n'y a que celles des plantes aquati-
ques qui puissent y germer, il faut nécessairement
le contact d'un autre corps. Le carbone contenu
dans la graine diminue constamment pendant la
germination, tandis que l'oxigène et l'hydrogène
paraissent passer, sans subir de diminution, dans
le germe qui se développe. L'action immédiate des
rayons solaires est nuisible à la germination, par
l'élévation de température qu'elle détermine. Lorsque la graine s'est développée, qu'elle a jeté des
racines et poussé une tige, la plante se nourrit au
moyen de la racine et des feuilles. La première tire
de la terre et transmet à la plante l'eau et les sels
solubles que la terre contient, les sels et matières
insolubles qui se trouvent dans les cendres de la
plante brûlée, enfin différens sucs fournis par les
engrais. Pendant le jour, les feuilles et la tige absorbent l'acide carbonique de l'air, s'emparent du
carbone et d'une petite partie de l'oxigène, et laissent dégager le reste. Pendant la nuit, les plantes
exhalent de l'acide carbonique en s'appropriant
l'oxigène de l'air ; mais le carbone émis est toujours moindre que celui qui a été absorbé pendant
le jour. Dans un terrain desséché, les feuilles pom-
pent l'humidité de l'air ; au contraire, dans un terrain trop humide, l'excès d'humidité s'exhale par
les parties vertes de la plante.

Les principes constituans des végétaux peuvent

être classés en corps *acides,* corps *basiques* et corps *indifférens.*

ACIDES VÉGÉTAUX·

69. On connait déjà un très-grand nombre d'acides végétaux, et la description de chacun d'eux nous entraînerait trop loin. Il en est quelques-uns qui sont communs à la plus grande partie des plantes ; ce sont les acides oxalique, acétique, benzoïque, tartrique, citrique, malique et gallique. Ce sont les seuls dont nous parlerons.

ACIDE OXALIQUE.

Il est toujours combiné avec de l'eau ou avec des bases ; il cristallise en prismes quadrilatères, incolores et transparens, terminés par des sommets dièdres. Il est soluble dans huit fois son poids d'eau ; l'alcool le dissout aussi. Sa saveur est très-aigre, sa dissolution étendue rougit fortement le tournesol. Il éprouve la fusion aqueuse, mais il se décompose à une chaleur d'environ 115°; ni l'air ni le chlore ne l'attaquent, même sous l'influence solaire. L'acide hydrochlorique le dissout sans l'attaquer; l'acide nitrique lui cède une partie de son oxigène, et le transforme en acide carbonique; l'acide sulfurique, à l'aide de la chaleur, le décompose en volumes égaux d'acide carbonique et d'oxide de carbone, et fait ainsi connaître sa composition. C'est un véritable acide *carboneux*, quoiqu'il soit bien plus énergique que l'acide carbonique. Pour l'obtenir on chauffe, à plusieurs reprises, 24 parties de fécule avec de l'acide nitrique; on emploie en tout 144 parties d'acide nitrique, et on obtient à peu près 24 parties d'acide oxalique. Cet acide se trouve, uni à la potasse, dans un très-grand nombre de végétaux, et surtout dans l'oseille commune.

Oxalates de potasse. La potasse forme avec l'acide oxalique un oxalate, un bioxalate et un quadroxalate; le second est seul employé. On se le procure en pilant l'oseille et exprimant le jus, qui est ensuite porté dans un cuvier; on y délaie 10 kilogrammes de terre blanche argileuse pour 1200 litres de suc; on laisse reposer pendant 24 heures; on décante et on filtre le dépôt. Le liquide est ensuite évaporé jusqu'à pellicule, et abandonné dans des terrines à la cristallisation. Il contient 2 atomes d'acide oxalique, 1 de potasse et 4 atomes d'eau. On l'emploie comme acide faible pour décaper les métaux; on s'en sert pour ôter les taches d'encre et de rouille; il se forme ainsi de l'oxalate de fer qui est facilement enlevé par l'eau.

L'acide oxalique s'unit à un très-grand nombre d'autres bases, et forme des sels qui n'ont jusqu'à présent trouvé aucun emploi utile.

ACIDE ACÉTIQUE.

70. Lorsqu'il est privé de toute l'eau qu'on peut lui enlever, cet acide est solide jusqu'à 17° au-dessus de 0°, où est son point de fusion, et il bout à 120°. Son odeur est suffocante quand il est concentré, mais elle est agréable quand il est délayé dans beaucoup d'eau. Sa saveur est franche et mordante. Il est presque aussi corrosif que l'acide sulfurique, et brûle la peau comme lui; il attire les vapeurs aqueuses de l'air, et se dissout dans l'eau en toute proportion. Au maximum de concentration, il pèse 1,063; en y versant de l'eau, on peut porter sa densité jusqu'à 1,079; mais en continuant d'augmenter la quantité d'eau, sa densité diminue. Froid, il n'est pas inflammable, mais sa vapeur peut brûler avec flamme; il se distille sans altération. On peut le décomposer par les métaux de la 1re section; ceux de la 3e forment avec lui des acétates, et l'eau est décomposée. Quelques métaux de la 4e passent facilement à l'état d'acétate, par leur contact avec l'acide acétique, sous l'influence de l'air. Il existe dans la sève de presque toutes les plantes; c'est un produit de la fermentation des substances alcooliques, et de la putréfaction des substances végétales et animales. On peut se procurer de l'acide acétique faible par la distillation du vinaigre; mais le vinaigre distillé ne donne jamais d'acide pur. On l'obtient plus concentré en

distillant l'acétate de cuivre, et plus pur encore en distillant l'acétate de protoxide de mercure. On se le procure actuellement en décomposant l'acétate de soude par l'acide sulfurique.

Il est formé de 8 atomes de carbone, 6 d'hydrogène, 3 d'oxigène et de 2 atomes d'eau.

Acétate de potasse. On l'obtient en traitant la potasse du commerce, bien blanche, par du vinaigre distillé; il faut conserver un excès d'acide pendant qu'on évapore la liqueur filtrée. Lorsque le sel est un peu noirci par les substances étrangères que contient le vinaigre, on le décolore en mettant dans la dissolution un peu de charbon animal. Ce sel, extrêmement déliquescent et soluble, cristallise en masse feuilletée, à laquelle on a donné le nom de *terre foliée végétale.* Il est employé en médecine comme fondant; il existe dans un grand nombre de plantes, dont les cendres contiennent du carbonate de potasse.

Acétate de soude. Ce sel cristallise très-facilement; il est efflorescent et soluble dans trois fois son poids d'eau froide, mais il l'est bien plus dans l'eau bouillante. Il éprouve successivement la fusion aqueuse et la fusion ignée avant d'être décomposé par la chaleur. Il contient 1 atome d'acide acétique, 1 de soude et 12 atomes d'eau; on le prépare en grand dans les fabriques où l'on obtient le vinaigre par la distillation du bois.

Acétate d'alumine. Incristallisable, très-soluble, fortement hygrométrique, ce sel est très-styptique

et très-astringent. Une chaleur peu élevée le décompose et volatilise son acide. C'est le mordant
employé habituellement dans la fabrique des toiles
peintes; on le prépare pour les fabriques en décomposant, à froid, l'alun par l'acétate de plomb.
Il se précipite du sulfate de plomb, et il reste une
dissolution d'acétate d'alumine, et d'acétate ou de
sulfate de l'autre base de l'alun. Ce mélange ne
nuit en rien aux couleurs qu'il s'agit de fixer sur
la toile.

Acétate de fer. Ce sel, employé dans la teinture, s'obtient en traitant directement par le vinaigre de la tournure ou des copeaux de fer; on
ne peut pas l'évaporer à sec sans le décomposer;
le résidu est de l'oxide de fer.

Acétate de cuivre, verdet. Ce sel, très-vénéneux, cristallise en prismes rhomboïdaux légèrement efflorescens, qui se dissolvent complètement
dans cinq fois leur poids d'eau bouillante. Soumis
à la distillation, il perd d'abord son eau de cristallisation, puis l'acide acétique; le résidu est du
cuivre très-divisé, qui brûle comme de l'amadou
au contact d'un charbon ardent. Le verdet, chauffé
au contact de l'air, prend feu et brûle avec une
belle flamme verte; on l'obtient au moyen du vinaigre et du vert-de-gris, ou sous-acétate de cuivre.
On fait chauffer le mélange qu'on agite de temps
en temps avec une spatule de bois, et quand la
couleur n'augmente plus d'intensité, on laisse déposer et on décante. La dissolution est évaporée

jusqu'à ce qu'elle se recouvre d'une pellicule ; on fait cristalliser dans des vases où l'on met des morceaux de bois fendus en quatre à l'un des bouts, autour desquels les cristaux viennent se grouper en grosses grappes. L'acétate de cuivre contient 1 atome d'acide acétique, 1 atome d'oxide de cuivre et 2 atomes d'eau. Quant au vert-de-gris, on le prépare en plaçant des lames de cuivre entre des couches de marc de raisin.

Acétate de plomb. Ce sel, lorsqu'il est neutre, est connu sous le nom de *sucre de Saturne*. Il a en effet un aspect et une saveur qui approchent de celles du sucre ; les cristaux sont des prismes à 4 pans terminés par des sommets dièdres. Ils éprouvent la fusion aqueuse et la fusion ignée, et lorsque la température est plus élevée, ils se décomposent. On l'obtient en dissolvant la litharge dans l'acide acétique, ou en faisant agir le vinaigre et l'air sur le plomb métallique. Après avoir fait cristalliser, on dissout les cristaux et on les purifie par une 2ᵉ cristallisation ; on l'emploie dans la teinture et dans la fabrique de céruse de Clichy.

ACIDE BENZOIQUE.

71. Cet acide existe probablement tout formé dans le benjoin et peut-être dans les autres baumes ; on peut le former au moyen de plusieurs composés organiques. On peut aussi le retirer de l'urine des animaux mammifères ; l'essence d'a-

mandes amères peut se transformer en acide benzoïque par la seule action de l'oxigène ou de l'air.
Lorsqu'il est pur, cet acide est sans odeur et sans
couleur ; il a une saveur acidulée et chaude ; il
fond à 120° et bout à 245°. Il émet des vapeurs,
même à la température ordinaire ; et quand on le
sublime, il cristallise en longues aiguilles prisma-
tiques satinées. Il est beaucoup plus soluble dans
l'eau bouillante que dans l'eau froide, qui n'en
dissout qu'un 200ᵉ de son poids. L'alcool en dissout plus que l'eau. Il n'est attaqué ni par le
chlore, ni par les acides sulfurique ou nitrique ;
ces deux derniers le dissolvent. Il est composé de
**28 atomes de carbone, 10 d'hydrogène et 3 d'oxi-
gène.**

On prépare l'acide benzoïque en exposant du
benjoin à un feu concassé très-doux, dans une
terrine surmontée d'un long cône de carton
troué à son sommet. L'acide benzoïque volatilisé vient se condenser, en aiguilles extrêmement légères, sur les parois du cône. Il possède
alors une odeur très-forte, agréable et semblable
à celle du benjoin ; elle est due à une huile essentielle que contient le benjoin, et qui se volatilise
avec l'acide. Il est quelquefois employé en médecine comme stimulant.

ACIDE TARTRIQUE.

72. Cet acide existe dans divers fruits, et principalement dans les raisins, qui le contiennent à

l'état de tartrate de potasse. C'est le mélange de ce sel avec un peu de matière colorante qui constitue ce qu'on appelle le *tartre des tonneaux*. L'acide tartrique est inaltérable à l'air, sa saveur est très-forte ; l'eau froide en dissout une fois et demie, et l'eau chaude deux fois son poids ; il est soluble dans l'alcool, mais moins que dans l'eau ; il y cristallise très-bien en prismes quadrangulaires, dont deux faces opposées sont beaucoup plus larges que les deux autres. A une chaleur modérée, cet acide se fond ; plus fortement chauffé, il se boursoufle et se décompose, en répandant une odeur semblable à celle du caramel. L'acide nitrique le transforme en acide oxalique, l'acide sulfurique en acide acétique. On l'extrait du bitartrate de potasse, ou crème de tartre. On dissout 4 parties de crème de tartre dans 40 parties d'eau ; on y répand avec un tamis une partie de craie, en ayant soin d'agiter avec une spatule de bois ; il se précipite du tartrate de chaux ; on filtre la liqueur qui contient du tartrate de potasse neutre. On décompose celui-ci par le chlorure de calcium ; les deux précipités sont lavés et traités par l'acide sulfurique, qui s'empare de la chaux et met en liberté l'acide tartrique. On le purifie par plusieurs cristallisations, en ayant soin d'éclaircir la dissolution avec du charbon animal.

Bitartrate de potasse. Ce sel se dépose sur les parois des tonneaux, à l'état de petites lamelles cristallines ; pour l'obtenir tel qu'on le

trouve dans le commerce, on le fait bouillir avec
de l'eau, pendant deux ou trois heures, dans de
grandes chaudières. On laisse refroidir pendant
trois jours, et il se dépose un résidu boueux
au fond du vase, tandis que des cristaux viennent
tapisser les parois. Après avoir lavé ces cristaux, on les fait dissoudre dans l'eau bouillante
avec 4 ou 5 pour 100 d'argile et autant de charbon animal dans la dissolution. On laisse refroidir pendant huit jours; il se forme de nouveaux
cristaux incolores, qui acquièrent une très-
grande blancheur en les exposant à l'air sur des
toiles.

Le bitartrate de potasse a une saveur légèrement acide; il cristallise en petits prismes
triangulaires; il contient 2 atomes d'acide tartrique, 1 atome de potasse et 2 atomes d'eau.
Il est employé en teinture comme mordant. Sa
combinaison avec l'acide borique est connue en
médecine sous le nom de *crème de tartre soluble,*
à cause de sa grande solubilité.

Tartrate d'antimoine et de potasse. Ce sel double
est connu en médecine sous le nom d'*émétique.*
Il cristallise en octaèdres transparens, qui deviennent opaques en s'effleurissant, et contient
2 atomes d'acide tartrique, 1 de potasse, 1 d'antimoine et 4 atomes d'eau. On l'obtient en faisant bouillir, pendant une demi-heure, le verre
d'antimoine réduit en poudre fine, avec une fois
et demie son poids de crème de tartre, et douze

fois son poids d'eau. La dissolution refroidie donne des cristaux d'émétique. On en retire encore des eaux-mères en les évaporant à siccité, et dissolvant de nouveau dans l'eau bouillante. On purifie le sel par de nouvelles cristallisations.

ACIDE CITRIQUE.

73. Cet acide a reçu ce nom parce qu'il se trouve dans les citrons et dans les oranges; on l'a retrouvé dans les groseilles, les framboises, les baies d'airelle, etc. Il contient toujours une certaine quantité d'eau, qu'on ne peut lui enlever qu'en le combinant aux bases. Sa saveur est fortement acide quand il est concentré, et très-agréable quand il est étendu. Il est inaltérable à l'air, et se dissout dans les trois quarts de son poids d'eau froide, et dans la moitié de son poids d'eau bouillante. La chaleur le décompose; l'acide sulfurique le charbonne, et produit du gaz sulfureux, de l'acide carbonique, de l'oxide de carbone et de l'acide acétique; l'acide nitrique en excès le transforme, à l'aide de la chaleur, en acide oxalique. Pour l'obtenir, on abandonne du jus de citron à la fermentation; quand le liquide s'éclaircit, on le décante et on filtre le résidu. Le liquide est traité par un seizième de son poids de craie, et saturé avec un peu de chaux vive. On laisse déposer, on décante, on filtre et on lave le résidu à plusieurs reprises. Le citrate de chaux,

ainsi obtenu, est traité par l'acide sulfurique très-étendu. La cristallisation débarrasse l'acide citrique de l'excès d'acide sulfurique qu'il pourrait contenir. Cet acide est employé avec avantage pour la teinture et l'impression sur étoffes ; il peut servir aussi à enlever les taches d'encre, à préparer les limonades sèches ou liquides. Considéré comme sec, il contient 8 atomes de carbone, 4 d'hydrogène et 4 d'oxigène. Il forme avec les bases des sels qui sont, jusqu'à présent, sans utilité.

ACIDE MALIQUE.

74. Il doit son nom aux pommes, dans lesquelles il a été trouvé d'abord ; il se produit dans le cours de la végétation d'un très-grand nombre de plantes. Il cristallise très-difficilement, est déliquescent, très-soluble dans l'eau et dans l'alcool. Sa saveur, qui est très-forte, ressemble à celle des acides tartrique et citrique. Pour l'obtenir, on broie dans un mortier les fruits du sorbier des oiseleurs, lorsqu'ils sont à peu près mûrs ; on fait bouillir le suc et on le clarifie avec un blanc d'œuf. On le mêle avec de l'acétate de plomb ; il se forme un précipité de malate de plomb, qu'on lave à plusieurs reprises avec de l'eau froide. On le dissout ensuite dans l'eau distillée, on laisse reposer la liqueur bouillante ; le malate se dépose alors sous formes d'aiguilles blanches, brillantes.

On les réduit en poudre, qu'on mêle avec l'eau, et, par un courant d'hydrogène sulfuré, on sépare le plomb à l'état de sulfure; on filtre, on évapore et on fait cristalliser.

Les sels que forme cet acide ne sont d'aucun usage.

ACIDE GALLIQUE.

75. On l'extrait de la noix de galle en opérant de la manière suivante. Les noix de galle sont réduites en poudre et continuellement humectées, pendant un mois, en maintenant la température de 20° à 25°. La poudre se gonfle et se couvre de moisissure. On en exprime l'eau, et on fait bouillir le résidu avec de l'eau, qui dissout l'acide gallique. Les cristaux donnés par cette dissolution sont purifiés par le charbon animal. Cet acide est composé de 14 atomes de carbone, d'hydrogène et 5 d'oxigène. Cristallisé, il contient de plus 2 atomes d'eau.

PRINCIPES VÉGÉTAUX INDIFFÉRENS.

76. Ces principes sont 1° les matières sucrées; 2° les fécules amilacées; 3° les gommes; 4° les principes colorans; 5° quelques principes particuliers.

MATIÈRES SUCRÉES.

77. On appelle *sucre* un corps solide, blanc, cristallisé, inaltérable à l'air, d'une saveur douce et agréable, très-soluble dans l'eau, peu soluble dans l'alcool. Lorsque l'eau est saturée de sucre, elle se nomme *sirop* : le sirop, étendu d'eau, s'aigrit et se couvre de moisissure; maintenu trop long-temps à une température de 60° à 80°, il perd là faculté de cristalliser. Une dissolution chaude et suffisamment concentrée donne en cristaux une partie du sucre qu'elle contient. Ces cristaux, qui ont la forme de prismes té-traèdres transparens, ont reçu le nom de *sucre-candi.* La chaleur fait fondre et boursouffler le sucre, le noircit et l'amène à l'état de *caramel;* à la chaleur rouge, il brûle instantanément à l'air, avec une flamme blanche dont les bords ont une teinte bleuâtre. On trouve le sucre dans l'érable à sucre, la canne à sucre, la betterave, les carottes, et beaucoup d'autres plantes.

Sucre d'érable. Du mois de novembre au mois de mai, par un temps doux, on pratique, dans le tronc de l'érable à sucre, des incisions de deux ou trois pouces de profondeur; il s'en écoule une sève qu'on fait bouillir jusqu'à consistance sirupeuse, et qu'on verse dans des moules, où elle se fige en se refroidissant.

Sucre de cannes. Lorsque les cannes sont

mûres, on les coupe, on rejette la partie supérieure, on les effeuille, et on les brise en les faisant passer entre deux cylindres de fer qui en
expriment le jus. Comme il entrerait rapidement
en fermentation, on verse immédiatement le liquide dans des chaudières de cuivre, avec un peu
de chaux vive, pour s'emparer de l'acide acétique renfermé dans la liqueur; on porte à l'ébullition en enlevant les écumes qui se forment. La
liqueur est ensuite filtrée, abandonnée à elle-
même pendant quelques heures, et séparée du
dépôt qui se forme, pour être de nouveau concentrée par la chaleur. Lorsqu'elle a acquis une
consistance sirupeuse, on la porte dans des vases
coniques, dont la pointe est renversée, et dont le
sommet est percé d'un trou qu'on ferme avec
un morceau de bois. Quand le sucre est pris en
cristaux confus, on débouche le trou, et l'on fait
écouler les eaux-mères, ou *mélasse*. Il reste dans
les formes du sucre brun ou *moscouade*. Pour le
raffiner, on le dissout de nouveau, on ajoute du
charbon animal et du sang de bœuf, et la liqueur
est portée à l'ébullition. Les matières colorantes
et l'excès de chaux sont enlevés par le charbon;
l'albumine du sang précipite, en se coagulant,
toutes les impuretés que contient le sucre. Lorsque la liqueur est amenée à 27 ou 28° du pèse-
sel, on la passe à travers une étoffe de laine, et,
après avoir encore concentré le sirop, on le porte
dans des rafraîchissoirs, où il est agité avec des

morceaux de bois jusqu'à ce que le sirop forme une masse grenue. On le porte alors de nouveau dans les formes; lorsqu'il est pris en masse, on débouche les formes, pour faire écouler le sirop non cristallisé. Enfin, on met une couche d'argile sur la base du cône, et on verse de l'eau qui, traversant le sucre, enlève toutes les impuretés. Il ne reste plus qu'à enlever les pains et à les sécher dans une étuve.

Sucre de betteraves. Les betteraves sont râpées, et la pulpe soumise à la presse. Le suc s'écoule dans une chaudière, dans laquelle on projette du lait de chaux; alors on brasse la liqueur et on chauffe. Il se forme un dépôt et des écumes qui sont enlevées. Comme la liqueur contient de la chaux, on verse de l'acide sulfurique, qui précipite le sulfate de chaux. On porte la liqueur dans de larges chaudières qui ont peu de profondeur, et l'on évapore très-rapidement jusqu'à ce qu'il marque 24° à l'aréomètre de Baumé, et on ajoute du charbon animal pour décolorer la liqueur. Cela fait, on filtre à travers une étoffe de laine, et on fait cristalliser.

Quelques fabricans, pour éviter de chauffer trop fortement le sirop, ne l'exposent pas directement à l'action du feu, mais seulement à celle de la vapeur d'eau, et pour accélérer l'évaporation, ils font le vide au-dessus de la chaudière au moyen d'une machine pneumatique.

Sucre de raisin. Il se trouve dans un très-grand

nombre de fruits; on l'obtient difficilement en
cristaux, qui sont composés de grains groupés ensemble, et présentant l'apparence du choufleur.
La saveur en est fraiche et agréable, mais il sucre
beaucoup moins que le sucre de cannes.

Miel. Cette substance est classée parmi les
substances sucrées végétales. Pour en extraire le
sucre, on fait fondre le miel, en ajoutant de la
craie en poudre jusqu'à ce que l'effervescence
cesse, écumant la solution, la blanchissant par des
blancs d'œufs et la filtrant. En se refroidissant,
elle laisse déposer des cristaux analogues à ceux
du sucre de raisin.

FÉCULES AMILACÉES.

78. On donne le nom de fécule amilacée ou d'*a-
midon* à une substance blanche, pulvérulente, insipide, sans odeur, inaltérable à l'air, et qui est
contenue en grande quantité dans les graines des
légumineuses et des graminées, les racines des
arum, de la bryone, etc.

Une légère chaleur brunit l'amidon et le rend
soluble dans l'eau; une chaleur plus forte le noircit, le fait boursouffler et enfin le décompose. On
reconnait la présence de l'amidon dans un corps
quelconque, en versant sur ce corps de l'eau qui a
bouilli sur de l'iode; on voit paraître aussitôt une
belle couleur bleue. L'eau, l'alcool et l'éther n'attaquent pas l'amidon; mais il se combine avec l'eau
bouillante, et forme l'*empois.*

L'acide nitrique le transforme en acide oxalique; l'acide sulfurique très-étendu et bouillant le fait passer à l'état de sucre.

Amidon de pommes-de-terre. Lavez, nettoyez et râpez les pommes-de-terre; placez la pulpe sur un tamis, et arrosez-la en la remuant, jusqu'à ce que l'eau passe limpide. La fécule est entraînée par l'eau, et vient se déposer dans un vase placé au-dessous du tamis. Faites écouler l'eau, et lavez l'amidon à plusieurs reprises, ensuite faites-le sécher.

Amidon d'orge et de blé. On commence par moudre grossièrement l'orge et le blé, sans séparer le son de la farine, et on le place dans de grandes cuves avec une certaine quantité d'eau, à laquelle on ajoute un peu d'eau sûre. Bientôt la matière fermente et se couvre d'une couche de moisissure qu'on enlève; on décante la liqueur (c'est elle qui porte le nom d'eau sûre). Le dépôt est lavé, délayé dans de l'eau, et versé dans un tamis de crin placé au-dessus d'un tonneau; le son le plus grossier reste sur le tamis. On fait de nouveau passer l'amidon à travers des tamis de plus en plus fins, en ayant soin de décanter le liquide et de rincer le dépôt à chaque fois; enfin l'amidon est mis en pains qu'on rompt à la main, et qu'on expose à l'air pendant quelques jours; puis on les porte à l'étuve pour les sécher entièrement.

L'amidon est le principe le plus abondant des farines; il entre dans la composition des dragées.

Il constitue la poudre à poudrer; il sert à faire l'empois. Les médecins l'ordonnent quelquefois comme substance alimentaire; mais ils emploient de préférence la fécule de pomme-de-terre, ou le sagou, ou le salep qui est l'amidon des racines d'orchis.

GOMMES.

79. La gomme existe dans toutes les parties des plantes herbacées, dans tous les fruits, dans un assez grand nombre de racines et de tiges ligneuses; enfin dans toutes les feuilles. Certaines gommes découlent spontanément des branches et du tronc des arbres, sous forme d'un mucilage qui se dessèche et durcit à l'air; quant aux autres, il faut les extraire par l'eau bouillante.

La gomme est solide, incristallisable, incolore, très-fade, sans odeur, inaltérable à l'air, soluble dans l'eau, insoluble dans l'alcool, facilement décomposable par l'acide nitrique. Les principales gommes sont :

1° La *gomme arabique*, qu'on extrait de plusieurs espèces de *mimosa :* elle est employée en médecine; on s'en sert pour rendre certaines couleurs brillantes et solides, et pour donner le lustre aux étoffes.

2° la *gomme du Sénégal*, qui a les mêmes propriétés que la précédente, et qu'on extrait du *nébueb* et de l'*uerek*.

3° La *gomme adraganthe* employée en médecine ; elle forme un mucilage plus consistant que celui des gommes précédentes.

MATIÈRES COLORANTES.

80. Les matières colorantes se trouvent dans toutes les parties des plantes ; jusqu'à présent on n'a pu isoler que l'indigo, l'hématine, le rose du carthame, la carmine et l'alizarine. Toutes ces matières s'altèrent et se ternissent par le contact de l'air humide et des rayons solaires, ou par une température de 150° à 200° ; toutes sont plus ou moins solubles dans l'eau, l'alcool et l'éther, auxquels elles donnent leur teinte. Mais les acides altèrent celles qui ne sont pas très-solides. Le chlore les détruit toutes, et leur fait prendre une teinte jaunâtre. Presque tous les oxides et les sous-sels insolubles se combinent avec elles, et forment des *laques*.

Teinture. Pour appliquer les matières colorantes sur les étoffes, il faut les *blanchir*, leur appliquer un *mordant*, enfin les plonger dans le bain de matière colorante. Le blanchiment du lin, du chanvre, du coton et de la soie s'appelle *décreusage*. Pour les trois premières substances, il s'opère en les faisant bouillir dans l'eau à deux reprises, et y ajoutant la seconde fois une certaine quantité de soude, puis lavant à grande eau et exposant à l'air. La soie se décreuse en la faisant bouillir

avec du savon, dont la quantité varie suivant la
nature de la soie et la couleur qu'on veut y appliquer. Enfin on donne aux fils et tissus de lin,
de chanvre et de coton une belle couleur blanche,
en les faisant tremper dans l'eau pendant quelques jours, les lessivant à plusieurs reprises, les
plongeant après chaque lessive dans le chlore
limpide, les traitant par l'acide sulfurique très-
faible, les lavant à grande eau après chaque opération, les azurant, les tordant, et enfin les laissant sécher. On donne une belle couleur blanche
à la soie, après qu'elle a été décreusée, en l'exposant à la vapeur de l'acide sulfureux. Le blanchiment de la laine s'appelle *désuintage* : la laine
est plongée dans un mélange de 3 parties d'eau et
d'une partie d'urine putréfiée, à une température
de 50 ou 60 degrés. Au bout d'un quart-d'heure,
on la retire de la chaudière, on la lave à grande
eau, on la fait égoutter, et on l'expose au soleil.
Enfin on lui donne une belle couleur blanche au
moyen de l'acide sulfureux.

On désigne sous le nom de *mordans* tous les
corps qui ont la propriété de s'unir avec ceux que
l'on veut teindre, et d'augmenter leur affinité
pour les matières colorantes. On les emploie toujours en état de dissolution. Le mordant ordinaire est l'alun; on emploie l'acétate d'alumine
dans les toiles peintes, l'hydrochlorate d'étain
dans la teinture écarlate, et la noix de galle pour
le rouge d'Audrinople.

On alune la soie en la plongeant dans l'eau contenant un soixantième de son poids d'alun, l'y laissant vingt-quatre heures, la tordant et la lavant. L'opération doit être faite à froid. Pour la laine, au contraire, la dissolution doit être bouillante; elle doit être tiède pour l'alunage du coton, du chanvre et du lin. Les fils ou tissus qu'on veut teindre sont plongés dans la matière colorante dissoute dans l'eau, ou dans l'eau mélangée d'un autre corps qui facilite la dissolution; ils y sont maintenus pendant un temps, et à une autre température qui varie suivant leur nature, en ayant soin que chaque partie du corps à teindre soit plongée pendant le même temps dans le bain de teinture.

Les principales substances dont on se sert pour teindre en rouge, sont : la garance, la cochenille, le bois de Brésil et le carthame. On teint en jaune avec la gaude, le quercitron et le bois jaune; en bleu, avec l'indigo, le campêche et le bleu de Prusse. Pour teindre en noir, on donne d'abord un pied de bleu au fil ou tissu, ensuite on le plonge dans un bain formé de sulfate de fer, de vert-de-gris et de campêche. La soie ne reçoit jamais de pied de bleu.

PRINCIPES PARTICULIERS.

81. On trouve dans plusieurs substances une saveur amère due à un principe particulier. On

appelle *quassine* le principe amer de la *quassia amara* ; *scillitine*, celui de la *scilla maritima* ; *caféine*, celui du café.

La *gelée* se trouve dans les sucs de quelques fruits acides ; elle se dépose sous forme d'une masse tremblante, presque incolore, et d'une saveur assez agréable. En la desséchant, elle devient transparente, dure et cassante comme la gomme.

On appelle *tannin* un principe qui existe dans les plantes astringentes, dont le caractère particulier est de précipiter la gélatine, et de donner avec les sels de peroxide de fer un précipité vert ou bleu noir. C'est le tannin qui se combine à la peau et la rend imputrescible. Il forme la base de l'encre et des teintures en noir. On le trouve dans l'écorce de chêne et la noix de galle ; dans le quinquina, le cachou, la gomme kino, les écorces de pin et de sapin.

Il existe dans les végétaux une foule d'autres principes particuliers, et chaque jour voit augmenter le nombre de ceux qui sont connus ; mais jusqu'à présent on n'en a tiré aucun parti dans les arts.

PRINCIPES BASIQUES.

82. Les principes basiques jouissent des propriétés que possèdent les bases du règne minéral ; ils sont susceptibles de s'unir aux acides, et de former avec eux des sels. Le nombre de ceux qui

sont connus est déjà très-considérable, et tend à s'accroître tous les jours; nous citerons les suivans :

Brucine. Principe vénéneux de la fausse angusture, peu soluble dans l'eau, insoluble dans l'éther et les huiles grasses, très-soluble dans l'alcool.

Cinchonine. Elle se trouve principalement dans le quinquina gris. Elle est blanche, très-peu soluble dans l'eau chaude et l'éther, très-soluble dans l'alcool; le feu en volatilise une partie et décompose le reste.

Emétine. Principe vomitif de l'ipécacuanha; peut remplacer la plante avec avantage.

Morphine. Ce principe narcotique de l'opium est solide, incolore, cristallisé en pyramides tronquées, insoluble dans l'eau froide, mais soluble dans l'eau chaude, dans l'alcool et dans l'éther. L'*acétate de morphine* se prépare directement par l'union de l'acide acétique et de la morphine.

Quinine. On la trouve dans le quinquina rouge et dans le quinquina jaune; elle est analogue à la cinchonine. Le sulfate de quinine est très-employé en médecine, comme fébrifuge.

PRINCIPES HYDROGÉNÉS OU INFLAMMABLES.

83. Ces substances sont huileuses, résineuses, alcooliques ou éthérées. Toutes sont très-riches en carbone, et en général très-fusibles et très-combustibles.

HUILES.

Les huiles sont inflammables, insolubles dans l'eau, et fluides à une température modérée. On distingue les huiles fixes ou grasses, et les huiles volatiles ou essentielles. Les huiles fixes ne peuvent se volatiliser sans décomposition; elles sont, à l'exception de l'huile de ricin, insolubles dans l'alcool; toutes sont moins pesantes que l'eau; enfin, à l'exception des huiles d'olive et de ricin, elles sont contenues dans l'intérieur de la graine. Elles sont composées de deux parties, la stéarine et l'élaïne. La première est solide, on en fait des bougies; la seconde est liquide. On distingue les huiles fixes en huiles grasses et en huiles siccatives : les premières restent fluides à l'air, tandis que les secondes en absorbent l'oxigène, épaississent, et sèchent assez rapidement. On les rend encore plus siccatives en les faisant bouillir sur la litharge. On obtient les huiles fixes par compression, à froid pour les huiles alimentaires, à chaud pour les huiles employées dans les arts. Les huiles principales sont l'huile d'*olive*, celles d'amande douce, de faîne, de colza, de ricin, de lin, d'œillet, de noix, de chenevis, de cacao et de noix muscade.

84. *Savons*. On appelle ainsi les composés qu'on obtient en traitant les corps gras par les bases salifiables. Trois savons sont solubles, ce sont ceux

de soude, de potasse et d'ammoniaque : ces derniers se préparent à froid, et les autres à la chaleur
de l'eau bouillante. Le savon de soude est toujours
solide, celui de potasse est toujours mou. Pour
obtenir le savon de soude, on emploie l'huile d'o-
lives, le suif ou la graisse. On fait bouillir, par
exemple, 100 parties d'huile avec 54 parties de
soude à 36° de l'aréomètre, et 18 parties de chaux
vive. Sa couleur marbrée provient d'une petite
quantité de sulfate de fer qu'on dissout dans la
lessive. Le savon de potasse se prépare de la même
manière; il est connu dans le commerce sous le
nom de *savon vert*. Les savons de toilette, à base
de soude, se font avec les huiles d'amande douce,
de noisette, de palme, avec le saindoux, le suif et
le beurre. Ceux qui sont à base de potasse ne se
font qu'avec les graisses, et principalement avec
le saindoux. Il faut éviter dans les savons de toilette que l'alcali soit en excès.

85. *Huiles essentielles.* Elles peuvent se volatiliser sans décomposition, sont solubles dans l'alcool
et très-peu solubles dans l'eau; elles sont âcres,
caustiques, sans viscosité, très-inflammables par
l'approche d'un corps en combustion. C'est à
elles qu'on attribue l'odeur particulière à chaque
plante. On les obtient en distillant de l'eau dans
laquelle la plante est mise en digestion; l'huile
passe avec la vapeur d'eau dans le récipient, et se
rassemble à la partie supérieure ou à la partie inférieure de l'eau distillée, suivant qu'elle est plus

légère ou plus pesante que ce liquide. Les principales huiles essentielles sont les essences d'anis,
de bergamote, de citron, de cédrat, de cannelle,
de jasmin, de lavande, de fleurs d'oranger, de
roses, et l'essence de térébenthine qu'on retire de
la résine du *pinus maritima.*

RÉSINES.

86. Les résines sont des substances solides, cas-
santes, inodores, insipides ou âcres, demi-transparentes, d'une couleur tirant ordinairement sur
le jaune : ce sont de mauvais conducteurs du
fluide électrique; elles s'électrisent toutes néga-
tivement. Le feu les décompose, et si on les chauffe
à l'air libre, elles prennent feu, et brûlent en donnant une fumée noire très-épaisse. Insolubles dans
l'eau, elles se dissolvent dans l'alcool, dans l'éther,
dans les huiles essentielles et dans la potasse et la
soude. On les tire des arbres en facilitant leur
écoulement par des incisions; on les emploie
principalement dans la composition des vernis.
Les principales résines sont les suivantes :

Résine animé. Elle découle de l'*hymenœa cour-
baril,* arbre de l'Amérique septentrionale; on
l'emploie en médecine et dans les vernis.

Baume de copahu. Il s'extrait du *copaifera of-
ficinalis;* on ne l'emploie qu'en médecine.

Résine copale. Elle provient du *rhus copali-*

num; on l'emploie dans la préparation des vernis.

La *résine élémi,* extraite de l'*amyris elemifera;* le *mastic,* du *pistacia lentiscus;* la *sandaraque,* du *thuya articulata,* sont employés en médecine et dans les vernis. On se sert aussi de la sandaraque pour empêcher le papier de boire.

La *térébenthine,* la *poix* et le *goudron* s'extraient du pin maritime.

GOMMES-RÉSINES.

87. Le suc laiteux qui découle des incisions faites aux tiges ou aux branches de quelques végétaux durcit peu à peu, et forme ce qu'on nomme *gomme-résine.* Les principales sont : l'*assa-fœtida,* d'une odeur fétide et alliacée; l'*euphorbe,* extrait de l'*euphorbia officinarum* et de l'*euphorbia antiquorum;* le *galbanum,* qu'on tire des racines du *bubon galbanum;* la *gomme-gutte,* qui provient du *cambogia gutta;* la *myrrhe,* qu'on extrait d'une plante inconnue; l'*oliban* (encens des anciens), qui provient du *juniperus lycia;* l'*opoponax,* produit par la racine du *pastinaca opoponax;* l'*aloës,* tiré d'un arbre du même nom; la *gomme-laque,* déposée par l'insecte *coccus lacca* sur plusieurs espèces d'arbres des Indes-Orientales.

BAUMES.

88. Les baumes sont composés de résine, d'a-

cide benzoïque, et quelquefois d'huiles essentielles
et d'autres matières. On en connait cinq; deux
sont solides, le benjoin et le storax; les trois autres sont liquides ou visqueux, le baume de Tolu,
le baume du Pérou et le styrax.

Baume du Pérou. Il s'extrait du *miroxillon pe-
ruiferum,* soit par incision, soit en faisant évaporer la décoction des branches et des feuilles de
cet arbre.

Baume de Tolu. On l'obtient par l'incision de
l'écorce du *toluifera balsamum.*

Le *benjoin* s'extrait du *laurus benzoe;* le *storax*
provient par incision du *storax officinale;* le *styrax* de la décoction de jeunes branches du *liqui-
dambar styraciflua.*

CAOUTCHOUC.

89. Cette substance, qu'on nomme aussi *gomme
élastique,* est solide, blanche, inodore, insipide,
molle, flexible, extrêmement élastique. Elle fond
à une température peu élevée, brûle à la flamme
d'une bougie, avec une odeur fétide. Lorsqu'elle
est ramollie par la chaleur, et qu'on en tient les
bords pressés l'un contre l'autre, ils finissent par
adhérer fortement. Le caoutchouc est insoluble
dans l'eau et dans l'alcool, mais on peut le dissoudre dans l'éther et dans les huiles essentielles. On
l'extrait par l'incision de l'*hævea caoutchouc,* du
jatropa elastica, du *ficus indica* et de l'*artocarpus*

integrifolia. Il en sort un suc laiteux, qui se prend en une masse blanchâtre, c'est le caoutchouc. La couleur brune qu'on lui voit ordinairement provient de la fumée à laquelle l'exposent les Américains en préparant la gomme élastique sous la forme de poire. Il est principalement employé pour faire les sondes, effacer les traces de crayon, et composer des vernis qui ont l'avantage de ne pas s'écailler.

CIRE.

90. La cire est une huile fixe concrète, très-répandue dans la nature ; quelques personnes prétendent que les abeilles ne la forment point, qu'elles ne font que la recueillir ; d'autres personnes disent que des abeilles, nourries seulement de sucre, produisent aussi de la cire. Cette substance, quand elle est pure, est blanche, solide, cassante, insipide, presque inodore ; elle est insoluble dans l'eau, et peu soluble dans l'alcool et les éthers ; mais elle se dissout assez bien dans les huiles essentielles. La cire brute s'obtient en faisant fondre dans l'eau les rayons des abeilles, après en avoir exprimé le miel ; la cire se rend au-dessus de l'eau, on l'enlève, et on lui donne la forme de briques. Pour la blanchir, on la coule en rubans très-minces qu'on expose au grand air, de manière à former une couche peu épaisse ; au bout de quelques jours la couleur est changée sensiblement. Lorsque le blanchiment ne fait plus de progrès, on fait re-

fondre la cire, on la coule encore en rubans, et on l'expose encore à l'air.

La cire sert à faire des bougies; elle entre dans la composition des vernis; on l'emploie en médecine comme adoucissant, émollient et relâchant.

CAMPHRE.

91. Le camphre a beaucoup d'analogie avec les résines; il est solide, blanc, transparent, cassant, d'une odeur forte, d'une saveur âcre. Il se vaporise dans l'air à la température ordinaire; il brûle sans résidu par le contact d'un corps en combustion. L'eau n'en dissout pas sensiblement; mais l'alcool en dissout les $\frac{1}{4}$ de son poids. On l'extrait du *laurus camphora.* On divise le bois du *laurus*, et on le chauffe dans de grandes chaudières de fer, surmontées de chapiteaux en terre dont l'intérieur est garni de cordes de paille de riz. Le camphre, entraîné par la vapeur d'eau, vient s'attacher à ces cordes à l'état de poudre grise. On le purifie en le faisant bouillir doucement, avec $\frac{1}{50}$ de son poids de chaux vive, dans un vase de verre qu'on entoure de sable. Il vient se condenser à la partie supérieure du vase.

PRINCIPES VÉGÉTO-ANIMAUX.

Ce sont les principes appartenant au règne végétal, et qui contiennent de l'azote. Ce sont : l'*albumine,* le *gluten,* la *levure* ou le *ferment.*

ALBUMINE.

92. Lorsqu'on expose à la chaleur le suc exprimé d'une plante, on voit de petits filamens qui serpentent dans le liquide. Recueillis et lavés, ils offrent une masse blanche, solide : c'est l'*albumine*, qu'on retrouve dans les œufs, dans le sang et dans plusieurs liquides animaux. Après avoir été coagulée, elle n'est plus soluble, ni dans l'eau chaude, ni dans l'eau froide. Les acides et l'alcool agissent comme la chaleur, et déterminent la coagulation. On ignore la cause de ce changement d'état. On l'emploie pour clarifier les sirops, les vins et la bière ; elle peut être considérée comme substance nutritive, puisqu'elle fait partie des œufs, du sang, de la chair musculaire.

GLUTEN.

93. Le gluten est une matière azotée qui, mêlée avec l'amidon, le sucre, l'albumine, etc., constitue la partie intérieure de plusieurs graines céréales, du seigle et surtout du froment. Pour l'obtenir, on fait une pâte avec de la farine de froment, et on la malaxe sous un filet d'eau, jusqu'à ce que celle-ci conserve sa limpidité. La substance d'un blanc grisàtre, qui reste entre les mains, est le gluten. Elle est molle, collante, insipide, d'une odeur désagréable, très-élastique. Par la chaleur, le gluten diminue beaucoup de volume, durcit,

devient cassant et imputrescible. Une chaleur plus élevée le décompose, et donne pour résidu un charbon très-brillant. Il est insoluble dans l'alcool, les huiles et l'éther. C'est à lui que la farine doit la propriété de faire pâte avec l'eau.

FERMENT.

94. Lorsque les fruits éprouvent la fermentation vineuse, il s'en sépare une substance sous forme de flocons visqueux : c'est le ferment Abandonné à lui-même à une température de 15 à 20°, il se décompose, et éprouve au bout de quelques jours la fermentation putride. Soumis à l'action d'une douce chaleur, il se dessèche, devient dur et cassant, et peut se conserver indéfiniment. Il est insoluble dans l'eau et dans l'alcool. On l'emploie pour exciter la fermentation et faire lever le pain.

FERMENTATION.

95. La fermentation vineuse ne peut être produite que par le concours du sucre, du ferment, de l'eau, et d'une certaine température. En dissolvant 5 parties de sucre dans 20 parties d'eau, et ajoutant une partie de ferment, le mélange, exposé à une température de 15 à 30°, commence à fermenter. Des bulles d'acide carbonique s'élèvent bientôt ; elles deviennent plus nombreuses, et la fermentation est très-forte pendant quel-

que temps ; elle s'apaise ensuite, et la liqueur s'é-
claircit. Pendant cette opération, on remarque la
décomposition du sucre et du ferment, et la production d'une quantité notable d'alcool et d'acide
carbonique.

VIN.

Le vin s'obtient en pressant les raisins mûrs,
plaçant le moût dans une grande cuve ; la fermentation s'établit, dure un temps plus ou moins
long, et lorsque enfin la liqueur devient claire, le
vin est soutiré, versé dans des tonneaux, où il
continue de fermenter légèrement ; l'écume qui
se forme finit par tomber au fond du tonneau, et
forme la lie par son mélange avec un peu de matière colorante et de tartre. Les mêmes raisins
donnent par une pression légère du vin blanc, et
par une pression plus forte du vin rouge. On obtient les vins mousseux en les mettant en bouteilles avant que la fermentation soit terminée.

CIDRE.

Le cidre se fait avec le jus de pommes : ce sont
des pommes aigres et âpres qui donnent le meil-
leur cidre. On écrase ces fruits entre deux cylindres cannelés, et on les soumet à la pression. Le
jus est reçu dans une grande cuve, où il ne commence à fermenter qu'au bout de plusieurs mois.
Le cidre ne contient point de tartre, et renferme

moins d'alcool que le vin, parce que la pomme contient moins de sucre que le raisin.

BIÈRE.

C'est avec l'orge qu'on fabrique la bière. On fait d'abord tremper l'orge dans l'eau pendant un ou deux jours; on en forme ensuite, sur un plancher, une couche de 15 à 18 pouces d'épaisseur, qu'on retourne deux fois par jour, de peur qu'elle ne s'échauffe trop, et on diminue en même temps l'épaisseur de la couche. On arrête la germination vingt-quatre heures après qu'elle a commencé à se manifester, en chauffant l'orge jusqu'à 60°. Elle prend alors le nom de *drèche* ou *malt*; on la moud grossièrement, et on la met dans une cuve avec un volume d'eau un peu plus grand que le sien, et dont la température est de 80°. Au bout de deux ou trois heures, on retire l'eau et on la remplace par de l'eau nouvelle. On concentre ces dissolutions, on y ajoute du houblon pour arrêter la fermentation acide. Lorsque le liquide est ramené à la température de 12°, on le fait rendre dans une grande cuve, et on l'y délaie avec un peu de ferment. Dès que le mouvement s'apaise, la bière est mise dans de petits tonneaux; il se dégage par la bonde beaucoup d'écume qu'on enlève. Enfin, on colle la bière, et on ferme les tonneaux.

EAU-DE-VIE. — ALCOOL.

C'est sur la propriété qu'a l'alcool d'être plus volatil que toutes les substances qui entrent dans les liqueurs vineuses, qu'est fondé l'art de l'extraire. Il suffit pour cela de soumettre le vin à la distillation, et d'arrêter cette distillation lorsqu'elle est à moitié faite ; on obtient ainsi de l'eau-de-vie dont on augmente la force par une nouvelle distillation. Maintenant ces distillations successives se font en une seule opération. Un alambic communique par des tubes de cuivre avec trois ou quatre grands vases. On remplit l'alambic et les deux premiers vases avec du vin ; on porte à l'ébullition celui de la cucurbite ; les vapeurs, en passant dans le premier vase, en échauffent le liquide, et le portent aussi à l'ébullition ; les vapeurs de celui-ci vont à leur tour échauffer le vin du second vase, et même y produisent une légère ébullition. Le troisième vase, qui est vide, reçoit une grande quantité de vapeurs alcooliques mêlées de vapeurs d'eau. En maintenant ce vase à une température déterminée, ainsi que le suivant, il sortira de celui-ci, soit de l'eau-de-vie, soit de l'alcool, qu'on condensera en le faisant passer à travers un serpentin refroidi.

ÉTHER.

96. L'éther pur est incolore, très-fluide, d'une odeur particulière, forte et pénétrante, d'une sa-

veur d'abord âcre et brûlante, puis fraîche. Il ne
conduit pas l'électricité, et réfracte fortement la
lumière. Il bout à la température de 35°,6, et s'enflamme avec une grande facilité. Aussi ne faut-il
pas exposer, même sa vapeur, au contact d'un
corps en combustion. Pour préparer l'éther, on
mêle parties égales d'acide sulfurique concentré
et d'alcool rectifié à 36°. Ce mélange doit être fait
en ajoutant l'acide par petites parties, et agitant
fortement pour éviter la rupture des vases, due à
la chaleur produite. L'appareil est celui de la
figure 5, dans laquelle le fourneau à réverbère est
remplacé par un fourneau chauffant un bain de
sable, qui entoure une cornue portant un tube en
S. Le mélange étant placé dans la cornue, on
chauffe jusqu'à ce qu'il s'établisse une ébullition
lente et régulière, qu'on entretient constamment.
Quand on a obtenu un litre d'éther dans le récipient, on verse un litre d'alcool dans la cornue par
le tube en S. Quand on a ainsi ajouté autant d'alcool qu'il en entrait dans le mélange primitif, on
cesse d'en ajouter, et on continue l'ébullition jusqu'à ce qu'il se produise des vapeurs blanchâtres.
Alors on cesse de chauffer, la chaleur du fourneau
est suffisante pour terminer l'opération. On a soin
de fractionner les produits de la distillation en
trois parties, la première ne contient guère que
de l'alcool ; la seconde, qui est la plus considérable, est aussi la plus pure. On la rectifie en y ajoutant du carbonate de potasse, et la distillant jus-

qu'à ce qu'on ait obtenu les deux tiers du liquide. Le résidu et la troisième partie sont mis pendant quelques jours en digestion avec du carbonate de potasse, et soumis à la distillation. L'éther qu'on obtient ainsi est moins pur que le premier. Les deux distillations doivent être faites à une chaleur très-douce et au bain-marie.

Il existe encore plusieurs autres éthers, mais celui que nous venons de décrire, et qu'on désigne sous le nom d'éther sulfurique, est le seul employé.

FERMENTATION ACIDE.

97. Une liqueur vineuse exposée à l'air, à une température de 10 à 30°, cède une portion de son carbone à l'oxigène ; de là un dégagement d'acide carbonique et une élévation de température. En même temps la liqueur se trouble ; une foule de filamens se déposent et forment une masse dont la consistance est semblable à celle de la bouillie. Le liquide est devenu acide, il a été changé en vinaigre. Voici comment on fabrique le vinaigre à Orléans. On verse dans un tonneau de 400 litres environ 100 litres de bon vinaigre bouillant; au bout de huit jours, on ajoute 10 litres de vin soutiré à clair, et on continue d'ajouter 10 litres de vin tous les huit jours, jusqu'à ce que le tonneau soit plein. Quinze jours après, le vinaigre est formé; on en retire la moitié et on recommence à ajouter 10 litres tous les huit jours. Les ton-

neaux que l'on emploie ont à la partie supérieure une ouverture de 2 pouces de diamètre, qui reste constamment ouverte. On les place ordinairement sur trois rangs, les uns sur les autres, dans un atelier où l'on ne fait pas de feu en été, mais que l'on chauffe en hiver jusqu'à 18 ou 20°.

On clarifie le vinaigre en y versant un verre de lait bouillant pour 25 ou 30 litres de vinaigre, et agitant le mélange.

CHAPITRE VII.

CHIMIE ANIMALE.

98. Les substances animales, soumises à l'analyse, donnent en général pour résultat de l'oxigène, de l'hydrogène, du carbone et de l'azote. Parmi ces substances, il en est qui sont acides, d'autres qui sont grasses sans être acides, d'autres enfin qui ne sont ni grasses ni acides. A ces trois classes, on peut ajouter les matières salines ou terreuses nécessaires à l'existence de plusieurs organes des animaux.

SUBSTANCES NEUTRES.

99. Les principales substances animales qui ne sont ni grasses ni acides, sont : la fibrine, l'albumine, la gélatine, la matière caséeuse, l'urée, la matière colorante du sang, le picromel et le sucre de lait. Les six premières contiennent beaucoup d'azote, la septième en contient un peu, la dernière n'en contient pas du tout. Ces matières soumises à la distillation donnent, lorsqu'elles sont azotées, de l'acide carbonique, du sous-car-

bonate et de l'acétate d'ammoniaque, de l'hydro-
cyanate d'ammoniaque, du gaz oxide de carbone,
de l'hydrogène carboné, de l'azote et un charbon
volumineux, très-propre à décolorer et à désinfecter les liquides. Exposées à l'air, ces substances
éprouvent peu à peu la décomposition putride.
Jetées sur des charbons ardens, elles se boursouf-
flent et s'enflamment, la combustion n'est jamais
complète. Les acides faibles sont sans action sur
elles, mais elles sont décomposées par les acides
puissans, et principalement par l'acide nitrique.

FIBRINE.

100. La fibrine existe dans le chyle, dans le sang,
forme en grande partie la chair musculaire. On
l'obtient en battant le sang, à la sortie de la veine,
avec une poignée de bouleau. Elle s'attache à chaque branche, sous forme de filamens rougeâtres,
qu'on décolore et qu'on purifie en les lavant à
l'eau froide. La fibrine est solide, blanche, insipide, incolore, inodore. Humide, elle a un peu d'é-
lasticité qu'elle perd par la dessiccation. L'eau
froide est sans action sur elle, mais l'eau bouillante l'altère, et lui fait perdre la propriété de se
dissoudre dans l'acide acétique. La dissolution de
cette substance dans l'acide acétique est sans couleur et peu sapide. L'acide en est chassé par les
acides sulfurique, hydrochlorique et nitrique, qui
s'unissent à la matière animale. La fibrine, for-

mant la base de la chair, est la substance nutritive animale la plus commune.

Nous avons déjà parlé de l'albumine dans la chimie végétale.

GÉLATINE, ou COLLE-FORTE.

101. Toutes les parties molles et solides des animaux contiennent de la gélatine, principalement
les cartilages, les ligamens, les tendons et surtout
les os. Elle est incolore, inodore, insipide, très-soluble dans l'eau bouillante, très-peu dans l'eau
froide. Deux parties et demie dissoutes dans 100
parties d'eau bouillante, suffisent pour donner à
l'eau refroidie la consistance d'une gelée. Le tannin la précipite de sa dissolution. On la prépare
avec les rognures de peaux, de parchemins et de
gants, avec les sabots et les oreilles de chevaux,
de bœufs, de moutons et de veaux. Il suffit de placer ces substances dans de l'eau bouillante qui en
dissout la gélatine, de filtrer la dissolution, de la
concentrer fortement, et de la verser dans des
moules découverts et humectés. Pour l'extraire
des os, on met ceux-ci en digestion avec l'acide
hydrochlorique, qui en dissout toutes les parties
terreuses et laisse la gélatine. On fait dissoudre
celle-ci dans l'eau bouillante, et on termine l'opération comme nous l'avons indiqué.

MATIÈRE CASÉEUSE.

102. Cette matière n'existe que dans le lait. En abandonnant le lait à lui-même jusqu'à ce qu'il soit coagulé, enlevant la crème et lavant le caillé à grande eau, qu'on fait couler à travers un filtre, on obtient une matière blanche, insipide, inodore, qui est la matière caséeuse. Mise en contact avec l'eau, elle fermente comme le gluten. La matière caséeuse forme la base de toutes les espèces de fromages; c'est donc une substance nutritive.

URÉE.

103. L'urée existe dans l'urine de l'homme, dans celle de tous les quadrupèdes. C'est elle qui, en se décomposant et formant du carbonate d'ammoniaque, rend l'urine propre à être employée dans plusieurs arts. Pour l'obtenir, il faut évaporer l'urine en consistance de sirop, ajouter peu à peu de l'acide nitrique faible, laver avec de l'eau à 0° les cristaux de nitrate d'urée qui se précipitent, les faire égoutter et sécher. On les dissout de nouveau dans l'eau, on en sépare l'acide nitrique par le carbonate de potasse. On chauffe jusqu'à siccité; on traite le résidu par l'alcool pur qui ne dissout que l'urée. Cette dissolution concentrée donne des cristaux d'urée. Ils ont la forme de longues aiguilles, sans couleur, sans odeur, d'une saveur fraiche et un peu piquante.

Le *picromel* s'extrait de la bile du bœuf; il est sans usages.

SUCRE DE LAIT.

104. On appelle ainsi une substance solide, sans odeur, d'une saveur douce, cristallisée en parallélipipèdes terminés par des pyramides à quatre faces, blancs, demi-transparens, durs et croquant sous la dent. Toutefois elle n'est pas un véritable sucre, puisqu'elle ne fermente point. On l'obtient en concentrant le petit-lait et le laissant refroidir: il se dépose du sucre de lait en cristaux. Il est employé en médecine; on s'en sert aussi pour falsifier la cassonade.

SUBSTANCES ANIMALES ACIDES.

105. Ces substances sont très-variées, et l'étendue de cet ouvrage ne nous permet que de citer les principales d'entre elles.

Acide formique. On l'extrait des fourmis en le distillant avec un poids d'eau double du leur.

Acide lactique. On l'extrait du petit-lait en le condensant, filtrant la liqueur, et précipitant le phosphate de chaux, en saturant la dissolution par la chaux; enfin on précipite la chaux en excès par l'acide oxalique.

Acide butirique. On l'extrait du beurre.

Acide stéarique. C'est le produit le plus abondant de la saponification du suif. Il constitue la *bougie de l'étoile.*

Acide mucique. On l'obtient en plaçant dans une cornue une partie de sucre de lait avec 4 ou 5 fois son poids d'acide nitrique étendu, et on chauffe jusqu'à ce qu'il cesse de se produire du gaz nitreux. L'acide mucique se dépose pendant le refroidissement. On le purifie en le traitant successivement par la potasse et par l'acide hydrochlorique.

Acide urique, contenu dans les urines.

ACIDE HYDROCYANIQUE.

106. Nous avons déjà parlé de cet acide au chap. II, ainsi que du cyanogène. L'acide forme avec le fer un composé connu sous le nom de *bleu de Prusse;* voici comment on le prépare. On fait un mélange à parties égales de potasse du commerce et de matières animales, telles que le sang desséché ou des rognures de corne; on le calcine jusqu'à ce qu'il devienne pâteux; on le délaie alors dans 12 ou 15 fois son poids d'eau; on filtre la liqueur, et on y verse, en l'agitant avec un bâton, une dissolution de 2 parties d'alun et de 1 partie de sulfate de fer. Il se fait une effervescence due à de l'acide carbonique qui se dégage, et un précipité fort abondant. Ce précipité est lavé par décantation toutes les 12 heures, et il passe successivement du brun noirâtre au brun verdâtre, au brun bleuâtre, et enfin à un bleu très-foncé. Alors on le rassemble sur une toile pour le faire sécher. Le

bleu de Prusse, ainsi obtenu, est employé par les fabricans de papiers peints; on s'en sert pour donner à la soie la belle teinte dite *bleu Raymond*.

CORPS GRAS.

107. Les corps gras fondent à une basse température, sont insipides, très-inflammables, insolubles dans l'eau; ils donnent, en les distillant, beaucoup d'huile fétide et un petit résidu .charbonneux; enfin, ils ne contiennent pas d'azote. Les principales substances grasses sont la stéarine, l'élaïne, la cétine et la cholestérine.

Stéarine. On l'obtient en traitant à froid le suif de mouton par l'éther jusqu'à ce que le suif ne diminue plus de volume. La stéarine est le résidu.

Elaïne. En laissant évaporer spontanément la dissolution éthérée obtenue dans l'extraction de la stéarine, on obtient pour résidu l'élaïne.

Cétine. On la retire du *spermaceti*, ou blanc de baleine, en la traitant par l'alcool bouillant, et laissant refroidir la liqueur. Il se dépose des lames cristallines qui constituent la cétine.

Cholestérine. C'est la substance cristalline des calculs biliaires humains.

LIQUIDES ANIMAUX.

108. Le *sang* est un liquide rouge, d'une saveur salée, légèrement alcaline; il est composé du sérum, du cruor, de la fibrine et de quelques prin-

cipes animaux. Lorsque le sang est abandonné à lui-même, il se sépare en 2 parties; l'une liquide, d'un jaune verdâtre, c'est le sérum; l'autre demi-solide, c'est le cruor.

Le sérum est formé principalement d'eau, d'albumine, d'hydrochlorate de soude et de potasse, de lactate et de phosphate de soude.

Le cruor se compose de matière colorante, de fibrine et d'albumine.

109. La *bile* est une sécrétion particulière du sang veineux qui s'opère dans le foie. C'est un liquide d'un jaune verdâtre, très-amer, dont l'odeur est nauséabonde. Elle se compose d'une matière jaune, d'une résine verte et de picromel.

Le *lait* se compose du beurre, du sérum ou petit-lait, et de la matière caséeuse.

L'*urine* est sécrétée du sang artériel par les reins. Sa composition varie suivant la nature de l'animal, l'espèce de nourriture qu'il prend et son état de santé. C'est un liquide jaune, d'une odeur particulière et d'un goût salin; elle rougit la teinture de tournesol. Les principes de l'urine sont une matière visqueuse qui se dépose au fond du vase au bout de quelques heures, de l'acide urique, et l'urée, dont nous avons déjà parlé.

La *salive* contient de l'eau en très-grande quantité; 1 centième de son poids environ est composé d'une matière animale particulière, de mucus, d'hydrochlorates alcalins, d'acide lactique et de soude. Sa composition varie d'ailleurs avec l'état de santé des individus.

Les *larmes* renferment de l'eau, du mucus, du chlorure de sodium, de la soude et des phosphates de soude et de chaux.

La *synovie* est le liquide qui facilite le mouvement des articulations ; elle est composée d'eau, de matière fibreuse, d'albumine, de chlorure de sodium, de soude et de phosphate de chaux.

La *sueur* est composée d'une matière huileuse, d'acide lactique et d'une matière animale particulière. Il se dégage continuellement par les pores des vapeurs connues sous le nom de *transpiration insensible :* on a constaté que les $\frac{5}{8}$ des alimens sont perdus par la transpiration insensible.

MATIÈRES ANIMALES SOLIDES.

110. Les organes du sentiment et du mouvement sont la *cervelle*, la *moelle épinière* et les *nerfs*. La cervelle est une pulpe blanche et grise qui se trouve dans le crâne, et qui donne naissance à la moelle épinière. Tous les nerfs y viennent aboutir. On a remarqué dans la cervelle la présence du phosphore.

Les *muscles*, qu'on désigne ordinairement sous le nom de *chair,* sont formés d'un grand nombre de fibres ou filamens recouverts par le tissu cellulaire. Ils sont composés de fibrine, d'albumine, de matière extractive, de graisse, de gélatine, d'acide et de différens sels. La gélatine qui provient des muscles donne au bouillon un parfum que ne possède pas la gélatine extraite des os; ce parfum provient d'une matière extractive contenue dans les muscles, et qu'on appelle *osmazôme*.

Les *os* doivent être considérés comme un tissu cellulaire fort épais, dont les cavités contiennent beaucoup de phosphate de chaux, beaucoup moins de carbonate de chaux, très-peu de phosphate de magnésie, des traces d'alumine, de silice, d'oxide de fer et d'oxide de manganèse. Nous avons déjà indiqué comment on pouvait en extraire la gélatine, et les employer à fabriquer l'hydrochlorate d'ammoniaque.

Les *dents* sont les os les plus durs de l'économie animale; aussi renferment-elles beaucoup plus de phosphate de chaux que les autres os, et beaucoup moins de tissu cellulaire.

Les *cornes* contiennent de l'albumine coagulée, de la gélatine, très-peu de matière terreuse et un peu d'huile. Celles de cerf, de daim et de bouc ont la même composition que les os, sauf qu'elles renferment moins de phosphate de chaux.

Les *coquilles* renferment beaucoup de carbonate de chaux, un peu de phosphate de chaux et une petite quantité de gluten animal.

Les *perles* sont de même nature que les coquilles qu'elles accompagnent.

Nous avons déjà vu que les *tendons, membranes*

et *cartilages* sont transformés complètement en gélatine par l'ébullition.

Les *cheveux* sont composés d'une matière animale semblable au mucus, d'une petite quantité d'huile blanche concrète, d'un peu de phosphate de chaux, de carbonate de chaux, d'oxide de manganèse et de fer oxidé ou sulfuré, d'une quantité notable de silice et surtout de soufre. Les cheveux noirs renferment de plus une huile noire concrète, les rouges une huile rouge; les blancs ne contiennent pas d'huile colorée, mais il s'y trouve un peu de phosphate de magnésie.

L'*épiderme*, la *laine* et les *poils* contiennent une grande quantité de mucus semblable à celui des cheveux, et une petite quantité d'huile qui leur donne de la souplesse et de l'élasticité.

La *peau* est cette enveloppe plus ou moins épaisse, qui garantit le système organique des animaux de l'influence des agens extérieurs; elle est composée de trois parties, l'épiderme, le tissu réticulaire et le derme ou vraie peau. L'*épiderme* est une membrane mince, blanche, élastique, sèche et transparente. Le *tissu réticulaire*, placé au-dessous de l'épiderme, est le siége des papilles nerveuses destinées à la perception du tact : il est noir chez les Nègres. Le *derme* est une membrane épaisse, dure, assez dense, composée de fibres entrelacées et disposées comme les poils d'un feutre. Il se dissout complètement dans l'eau soumise à une ébullition prolongée, et produit ainsi la colle-forte. Lorsque la peau est combinée avec le tannin, elle prend le nom de cuir.

Tannage. On commence par écorner et laver les peaux ; on leur enlève le poil en les faisant gonfler, pendant quelques jours, dans une dissolution très-faible d'acide ou d'alcali, ou en les mettant en tas dans un lieu dont la température est élevée. La peau gonflée est mise sur le chevalet, où, à l'aide d'un couteau, on enlève non-seulement le poil, mais encore l'épiderme. Les peaux sont ensuite plongées dans une eau courante, où elles se ramollissent. On les retire, et avec le couteau, on enlève les restes de l'épiderme. Les peaux destinées à former des cuirs doux peuvent alors être soumises au tannage ; mais celles qui doivent fournir des cuirs forts sont soumises au gonflement.

Pour cela, on les plonge dans des dissolutions faibles d'alcali ou d'acide, on ouvre ainsi les pores de la peau ; elle devient plus épaisse, demi-transparente, et capable de recevoir une plus grande quantité de tannin. On procède ensuite au *passement,* en tenant les peaux quelque temps dans une eau où l'on a mis quelques écorces. Enfin, on procède au *tannage.* Cette dernière opération se fait au moyen d'écorces réduites en poudre, et qui, sous cette forme, prennent le nom de *tan.* L'écorce qu'on préfère est celle du chêne. Dans les cuves dont les bords sont à fleur de terre, on met une couche de 6 pouces de tan, qui a déjà servi, et une deuxième couche de 10 pouces de tan neuf. Sur celle-ci on met une peau, puis alternativement des couches de tan neuf et des peaux. Enfin, on recouvre la dernière peau d'une couche de 6 pouces de tan usé; on foule le tout aux pieds, et par un tube qui plonge au fond de la cuve, on fait arriver un filet d'eau, qui peu à peu remplit la cuve. Le tannin pénètre lentement dans les peaux et s'y unit. Au bout de deux ou trois mois, on remplace le tan employé par du tan neuf, qu'on enlève trois ou quatre mois après, pour le remplacer par une nouvelle charge qu'on laisse encore plus long-temps que la première, en sorte que l'opération dure un an et quelquefois davantage.

FERMENTATION PUTRIDE.

Les végétaux et les animaux qui ont cessé de vivre s'altèrent peu à peu, laissent dégager de leur sein des matières souvent dangereuses à respirer, et d'une odeur désagréable; perdent leur forme, et finissent même par se consumer et disparaître entièrement. C'est cette décomposition, à laquelle les minéraux ne sont pas sujets, qu'on appelle *fermentation putride*. Il faut, pour qu'elle ait lieu, le contact de l'eau et une certaine température. Les végétaux en putréfaction laissent dégager de l'acide carbonique, de l'hydrogène carboné, de l'azote; il se forme en outre de l'eau, de l'acide acétique, peut-être de l'huile, et enfin une substance noire

principalement composée de charbon. Les matières animales humides et abandonnées à elle-même,
à la température de l'atmosphère, donnent pour
produits de leur putréfaction de l'eau, de l'acide
carbonique, de l'acide acétique, de l'ammoniaque,
de l'hydrogène carboné. Plusieurs de ces produits
emportent une partie de la substance à demi décomposée ; il se répand en même temps une odeur
infecte, qu'on neutralise par du chlore gazeux.

Puisque la putréfaction ne peut avoir lieu que
sous l'influence de l'eau et d'une certaine température, il s'ensuit que les substances bien sèches
ou garanties du contact de l'air humide par la fumée, par le sel marin qui attire à lui l'humidité
de l'air, par l'alcool, entreront bien plus tard en
fermentation putride ; il en est de même des substances soumises à une température très-basse.

Il existe encore d'autres moyens de conserver
les substances animales. Les viandes marinées
dans le vinaigre se conservent très-bien. Celui de
tous les moyens qui réussit le mieux consiste à
soumettre les viandes pendant plusieurs heures à
une température de 80 à 100°, et à les enfermer
dans des vases hermétiquement fermés. On emploie le sublimé corrosif pour conserver les cada-
vres. Il suffit pour cela de les maintenir pendant
quelque temps dans une eau saturée de sublimé-
corrosif. Les chairs se raffermissent, et deviennent
imputrescibles et inattaquables aux insectes et
aux vers.

SYNONYMIE CHIMIQUE.

Noms nouveaux.	Noms anciens.
Acétate d'ammoniaque. . .	Esprit de Mendérerus.
— de plomb.	{ Sel de Saturne. { Sucre de Saturne.
— de potasse.	Terre foliée végétale.
— de soude.	Terre foliée minérale.
Acide acétique.	{ Esprit de vinaigre. { Vinaigre radical.
— benzoïque.	Fleurs de benjoin.
— borique.	{ Sel sédatif de Homberg. { Acide boracique.
— carbonique.	{ Acide crayeux. { Air fixe. { — méphitique.
— chlorique.	Acide muriatique suroxig.
— ferrocyanique. . . .	Acide chyazique ferruré.
— fluosilicique. . : . .	{ Acide fluorique silicé. { — spathique.
— hydrochlorique.. . .	{ Acide marin. { Acide muriatique. { Esprit de sel.
— chloronitrique. . . .	Eau regale.
— hydrocyanique. . . .	Acide prussique.
— hydrosulfurique. . .	Gaz hépathique.
— nitreux.	Esprit de nitre fumant.
— nitrique..	{ Eau-forte. { Esprit de nitre.
— oxalique..	{ Acide du sucre. { — de l'oseille. { — oxalin.
— silicique	Silice.
— sulfurique.	{ Huile de vitriol. { Acide vitriolique.
— tartrique.	{ Acide du tartre. { — tartareux.

Noms nouveaux.	Noms anciens.
Alcool.	Esprit de vin.
Alumine.	{ Terre de l'alun. { Argile pure.
Amidon.	Fécule amilacée.
Ammoniaque..	{ Alcali volatil fluor. { Esprit de sel ammoniac.
Ammoniure de cuivre en dissolution.	Eau céleste.
Antimoine.	Régule d'antimoine.
Antimonite de potasse. . .	Antimoine diaphorétique.
Argent.	{ Diane. { Lune.
Arsenic.	Régule d'arsenic.
Azote.	{ Air vicié. { Nitrogène. { Alcaligène. { Morette atmosphérique.
Bioxalate de potasse.. . . .	Sel d'oseille.
Bismuth.	{ Étain de glace. { Régule de bismuth.
Bitartrate de potasse. : . .	{ Crême de tartre. { Tartre.
Carbonate de zinc naturel.	Calamine.
Cétine.	{ Blanc de balcine. { Sperma-ceti.
Chlorates..	{ Muriates suroxigénés. { Suroximuriates.
Chlore.	{ Acide marin. { — muriatique oxigéné. { Gaz oximuriatique. { Chlorine.
Chlorures..	Muriates secs.
Chlorure d'antimoine.. . .	Beurre d'antimoine.
— d'argent.	{ Argent corné. { Lune cornée. { Muriate d'argent.
— de cobalt.	{ Encre de sympathie. { Muriate de cobalt.

Noms nouveaux.	Noms anciens.
Chlorure de potassium. . .	Muriate de potasse sec.
— de sodium.. . . .	Sel marin. Muriate de soude. Sel de cuisine.
Chrômate de plomb.	Mine de plomb rouge. Plomb rouge de Sibérie.
Cuivre.	Régule de cuivre. Vénus.
Cyanures..	Prussiates.
Deuto-acétate de cuivre. .	Cristaux de Vénus. Verdet cristallisé.
Deuto-arsenite de cuivre. .	Vert de Schéele.
Deuto-chlorure d'étain. . .	Liqueur fum^{te} de Libavius. Muriate suroxig. d'étain.
Deuto-chlorure de mercure.	Sublimé corrosif. Muriate suroxigéné de mercure.
Deuto-nitrate de fer.. . . .	Nitre martial.
Deuto-sulfate de cuivre.. .	Couperose bleue. Vitriol bleu.
Deutoxide d'arsenic.. . . .	Arsenic blanc. Mort aux rats.
— d'azote.	Gaz nitreux. Oxide nitrique.
— de fer..	Ethiops martial. Oxide noir de fer.
— de mercure.. . . .	Précipité rouge. — perse.
— de plomb.. . . .	Minium.
Étain.	Jupiter. Régule d'étain.
Fer.	Mars.
Ferrocyanates.	Prussiates triples. Chyazates ferrurés. Hydrocyanates ferrugin.
Ferrocyanate de potasse. .	Alcali prussien. Prussiate triple de potasse.
Fluate de baryte..	Fluor pesant.

Noms nouveaux.	Noms anciens.
Fluate de chaux. · · · · · ·	{ Spath fluor. { Fluor spathique.
Fluor. · · · · · · · · · ·	{ Fluorine. { Phtore.
Hydrate de chaux· · · · · ·	{ Chaux éteinte. { — délitée.
— de potasse · · · · ·	{ Pierre à cautères. { Potasse à la chaux. { — à l'alcool.
Hydrochlorates. · · · · · ·	Muriates.
Hydrochlorate d'ammonia-que. · · · · · · · · · ·	{ Sel ammoniac. { Muriate d'ammoniaque.
Hydrocyanates. · · · · · · ·	Prussiates.
Hydrocyanate de fer ferruré	{ Bleu de Prusse. { Prussiate de fer.
Hydrogène. · · · · · · · ·	{ Gaz inflammable. { Phlogogène.
— percarboné. · ·	Gaz oléfiant.
— protocarboné. ·	{ Hydrogène oxicarboné. { Gaz inflamm. des marais.
— perphosphoré. ·	Gaz phosphorique.
Hydrosulfates. · · · · · · ·	Hydrosulfures.
— sulfurés.. · · · · ·	{ Hépars. { Foies de soufre.
— (sur) d'antimoine ·	Kermès.
— (sous) d'antimoine.	Soufre doré.
Mercure.. · · · · · · · · · ·	Vif·argent.
Nitrates. · · · · · , · · · ·	Nitres.
Nitrate d'argent. · · · · · ·	{ Cristaux de lune. { Nitre lunaire.
— — fondu. · · ·	Pierre infernale.
Nitrate de potasse· · · · · ·	{ Nitre. { Salpêtre.
— — fondu. ·	{ Sel de Prunelle. { Cristal minéral.
Oxalate de potasse.. · · · ·	Sel d'oseille.
Oxides · · · · · · · · · · ·	Chaux métalliques.
Oxide de bismuth. · · · · ·	{ Blanc de fard. { Fleurs de bismuth.

Noms nouveaux.	Noms anciens.
Oxide de zinc.	Fleurs de zinc. Lana philosophica. Pompholix. Nihil album.
Oxigène.	Air vital. — du feu.
Percarbure de fer.	Plombagine. Grasellite.
Perchlorure d'étain.	Liqueur fum. de Libavius.
Peroxide de manganèse. . .	Magnésie noire. Savon des verriers.
— de plomb.	Oxide puce de plomb.
Persulfure d'étain.	Or mussif. — de Judée.
— de mercure. . .	Cinabre. Vermillon.
Plomb.	Saturne.
Protochlorure de mercure.	Mercure doux. Aquila alba. Calomélas. Panacée mercurielle. Sous-muriate de mercure.
Protosulfate de fer.	Vitriol vert. Vitriol martial. Couperose verte.
Protosulfure d'antimoine. .	Antimoine cru.
— de cuivre. . .	Pyrite de cuivre.
— de fer.	— de fer.
— de mercure. .	Éthiops minéral.
— de plomb. . .	Pyrite de plomb. Galène. Alquifoux.
Protoxide d'antimoine. . . .	Neige d'antimoine. Fleurs d'antimoine.
— de mercure. . . .	Éthiops perse. Oxide noir de mercure.
— de plomb.	Massicot. Litharge. Oxide jaune de plomb.

Noms nouveaux.	Noms anciens.
Soufre sublimé..	Fleurs de soufre.
Sous-acétate de plomb.. . .	Extrait de saturne.
Sous-borate de soude. . . .	Borax. / Tinckal.
Sous-carbonate de magnésie	Magnésie blanche.
— de plomb. .	Blanc de plomb. / Blanc d'argent. / Céruse.
— de potasse..	Sel d'absinthe. / — de tartre. / Alkali fixe végétal. / Potasse.
— de soude.. .	Kali. / Natron. / Alkali marin. / Soude.
Sous-deutacétate de cuivre.	Vert-de-gris.
— deutonitrate de mercure.	Turbith nitreux.
— deutosulfate de mercure.	— minéral.
— hydrochlorate de plomb.	Jaune anglais. / — minéral.
— hydrosulfate d'antimoine	Kermès minéral. / Poudre des Chartreux.
— nitrate de bismuth.. . .	Blanc de fard. / Magistère de bismuth.
— tritocarbonate de fer. . .	Safran de Mars apéritif.
Sulfate de chaux..	Sélénite. / Gypse. / Pierre à plâtre.
— de magnésie.. . . .	Sel d'Epsum. / — d'Angleterre. / — de Seydschutz. / — de Sœdlitz.
— de potasse..	Sel de Duobus. / — polychreste de Glaser.
— de soude..	Sel de Glauber.
— de zinc..	Vitriol blanc. / Couperose blanche.

Noms nouveaux.	Noms anciens.
Sulfure d'arsenic naturel.	{ Orpiment. { Réalgar.
— de potasse......	Foie de soufre.
— de zinc........	Blende.
Tartrate de potasse.....	Sel végétal.
— de potasse et d'antimoine	{ Tartre stibié. { Émétique. { Tartre antimonié.
— de potasse et de fer....	{ Tartre chalybé. { — martial soluble.
— de potasse et de soude..	{ Sel de la Rochelle. { Sel de Seignette.
— de fer..........	{ Colcothar. { Oxide rouge de fer. { Rouge d'Angleterre.

FIN.

TABLE DES MATIÈRES.

www.ingramcontent.com/pod-product-compliance
Lightning Source LLC
Chambersburg PA
CBHW070600050526
44396CB00007B/1347